AF311854

ICONES HISTORIQUE

DES

LÉPIDOPTÈRES

D'EUROPE

NOUVEAUX OU PEU CONNUS;

OUVRAGE FORMANT LE COMPLÉMENT DE TOUS LES AUTEURS ICONOGRAPHES;

PAR

LE DOCTEUR BOISDUVAL.

24ᵉ LIVRAISON.

PARIS,

LIBRAIRIE ENCYCLOPÉDIQUE DE RORET,

RUE HAUTEFEUILLE, AU COIN DE CELLE DU BATTOIR.

ICONES HISTORIQUE

DES

LÉPIDOPTÈRES

D'EUROPE

NOUVEAUX OU PEU CONNUS;

OUVRAGE FORMANT LE COMPLÉMENT DE TOUS LES AUTEURS ICONOGRAPHIES;

PAR

LE DOCTEUR BOISDUVAL.

4₂   *LIVRAISON.*

PARIS,

LIBRAIRIE ENCYCLOPÉDIQUE DE RORET,

RUE HAUTEFEUILLE, AU COIN DE CELLE DU BATTOIR.

ICONES HISTORIQUE

DES

LÉPIDOPTÈRES

NOUVEAUX OU PEU CONNUS.

T. II.

SUITES A BUFFON,

FORMANT, AVEC LES OEUVRES DE CET AUTEUR, UN COURS COMPLET

D'HISTOIRE NATURELLE.

Les possesseurs des OEUVRES DE BUFFON pourront, avec ces SUITES, compléter toutes les parties qui leur manquent, c'est-à-dire *les Cétacés, les Poissons, les Reptiles, les Mollusques, les Crustacés, les Arachnides, les Insectes, les Vers, les Zoophytes et la Botanique*, le tout formant, avec les travaux de cet homme illustre, un ouvrage général sur l'histoire naturelle.

Cette publication scientifique, du plus haut intérêt, préparée en silence depuis plusieurs années, et confiée à ce que l'Institut et le haut enseignement possèdent de plus savants naturalistes et de plus habiles écrivains, est appelée à faire époque dans les annales du monde savant.

Les noms des auteurs indiqués ci-après sont pour le public une garantie certaine de la conscience et du talent apportés à la rédaction des différents traités.

MM. AUDINET-SERVILLE, ex-président de la Société entomologique, membre de plusieurs Sociétés savantes nationales et étrangères, un des collaborateurs de l'*Encyclopédie*, auteur de plusieurs mémoires sur l'Entomologie, etc. [Orthoptères, Névroptères et Hémiptères.]

AUDOUIN, professeur-administrateur du Muséum, membre de plusieurs Sociétés savantes nationales et étrangères. [Annélides.]

BIBRON, aide-naturaliste au Muséum [collaborateur de M. Duméril, pour les Reptiles].

BOISDUVAL, membre de plusieurs Sociétés savantes nationales et étrangères, collaborateur de M. le comte Dejean, auteur de l'*Entomologie de l'Astrolabe*, de l'*Icones des Lépidoptères d'Europe*, de la *Faune de Madagascar*, etc., etc. [Lépidoptères.]

DE BLAINVILLE, membre de l'Institut, professeur-administrateur du Muséum d'histoire naturelle, professeur à la Faculté des Sciences, etc. [Mollusques.]

DE BREBISSON, membre de plusieurs Sociétés savantes, auteur des *Mousses* et de la *Flore de Normandie*. [Plantes cryptogames.]

A. DE CANDOLLE, de Genève. [Botanique.]

CUVIER [Fr.], membre de l'Institut. [Cétacés.]

DEJEAN [le comte], lieutenant-général, pair de France. [Coléoptères.]

DESMAREST, membre correspondant de l'Institut, professeur de zoologie à l'école vétérinaire d'Alfort. [Poissons.]

DUMÉRIL, membre de l'Institut, professeur-administrateur du Muséum d'histoire naturelle, professeur à l'Ecole de Médecine, etc., etc. [Reptiles.]

LACORDAIRE, naturaliste-voyageur, membre de la Société entomologique, auteur de divers mémoires sur l'Entomologie, etc. [Introduction à l'Entomologie.]

LATREILLE, membre de l'Institut et de la plupart des Académies, professeur-administrateur du Muséum d'histoire naturelle. [Histoire de l'Entomologie.]

LESSON, membre correspondant de l'Institut, professeur à Rochefort ; naturaliste de l'expédition de la *Coquille*, auteur d'une foule d'ouvrages sur la Zoologie, etc., etc. [Zoophytes et Vers.]

MACQUART, directeur du Muséum de Lille, auteur des *Diptères du nord de la France*, etc. [Diptères.]

MILNE-EDWARS, professeur d'histoire naturelle, membre de diverses sociétés savantes, auteur de plusieurs travaux sur les Crustacés, les Insectes, etc., etc. [Crustacés.]

LE PELETIER DE SAINT-FARGEAU, président de la Société entomologique, un des collaborateurs de l'*Encyclopédie*, auteur de la *Monographie des Tenthrédines*, etc., etc.[Hyménoptères.]

SPACH, aide-naturaliste au Muséum. [Plantes phanérogames.]

WALCKENAER, membre de l'Institut, auteur de plusieurs travaux sur les Arachnides, etc., etc. [Arachnides et Insectes aptères.]

CONDITIONS DE LA SOUSCRIPTION.

Les *Suites à Buffon* formeront 45 volumes in-8° environ, imprimés avec le plus grand soin et sur beau papier ; ce nombre paraît suffisant pour donner à cet ensemble toute l'étendue convenable. Ainsi qu'il a été dit précédemment, chaque auteur s'occupant depuis long-temps de la partie qui lui est confiée, l'éditeur sera à même de publier en peu de temps la totalité des traités dont se composera cette utile collection.

A partir de janvier 1834, il paraîtra au moins tous les mois un volume in-8°, accompagné de livraisons d'environ dix planches noires ou coloriées.

Prix du texte, chaque volume [1], 4 fr. 50 c. Prix de chaque livraison de planches, noire, 3 fr. ; coloriée, 6 fr.

NOTA. Les personnes qui souscriront pour des parties séparées paieront chaque volume 6 fr. Le prix des volumes papier vélin sera double du prix ordinaire.

On souscrit, sans rien payer d'avance, à la librairie encyclopédique de RORET, rue Hautefeuille, n° 10 bis, à Paris, et chez tous les libraires.

[1] L'éditeur ayant à payer pour cette collection des honoraires aux auteurs, le prix des volumes ne peut être comparé à celui des réimpressions d'ouvrages appartenant au domaine public et exempts de droits d'auteurs, tels que Buffon, Voltaire, etc., etc.

ICONES HISTORIQUE

DES

LÉPIDOPTÈRES

NOUVEAUX OU PEU CONNUS.

COLLECTION,

AVEC FIGURES COLORIÉES,

DES PAPILLONS D'EUROPE

NOUVELLEMENT DÉCOUVERTS;

OUVRAGE FORMANT LE COMPLÉMENT DE TOUS LES AUTEURS ICONOGRAPHES;

PAR

LE DOCTEUR BOISDUVAL,

MEMBRE DE PLUSIEURS SOCIÉTÉS SAVANTES NATIONALES ET ÉTRANGÈRES.

TOME SECOND.

PARIS,

A LA LIBRAIRIE ENCYCLOPÉDIQUE DE RORET,

RUE HAUTEFEUILLE, AU COIN DE CELLE DU BATTOIR.

1834.

LÉPIDOPTÈRES.

SECONDE DIVISION.

HÉTÉROCÈRES.

Antennes de formes très variables, tantôt en cornes de belier ou prismatiques, tantôt pectinées ou dentelées en scies, quelquefois plumeuses, souvent filiformes ou moniliformes ; le plus souvent un ou plusieurs crins au bord antérieur des secondes ailes ; rarement des yeux lisses ou stemmates ; ailes non conniventes dans le repos.

Cette grande division renferme tous les Lépidoptères qui ont été rangés par Latreille dans les Crépusculaires et dans les Nocturnes ; mais, outre que ces deux familles ne reposent sur aucun caractère valable, leur dénomination était trop inexacte pour songer à les conserver. Le nom de *crépusculaires*, donné à la première à cause de quelques Sphingides qui volent après le coucher du soleil, ne convient aucunement aux Zygénides, aux Sésiaires, aux Macroglosses, etc., qui, comme les Diurnes, ne volent que pendant la chaleur du jour, et se reposent dès que le soleil est sur son déclin ou que le temps est sombre. La plupart des *Noctua* sont autant crépusculaires que les Sphinx, et beaucoup de Bombyx et de Noctuelles, appartenant aux Nocturnes de Latreille, volent en plein jour comme les Rhopalocères. Pour ce qui est des caractères, les *Zygœna* se lient manifestement par l'intermédiaire des *Syntomis*, des *Procris*, et autres genres exotiques, aux *Emydia*, *Euchelia*, *Lithosia*, *Chelonia*, etc. ; et il est tout-à-fait impossible de mettre les unes dans les Crépusculaires et les autres dans les Nocturnes. Nous pourrions dire la même chose des Sphinx, qui, par les Smérinthes, touchent de très près à certaines espèces de Bombyx.

Les métamorphoses des Hétérocères aussi variées que

leurs chenilles, ne peuvent nous offrir le même secours que celles des Rhopalocères. Les pattes de l'insecte parfait, toujours au nombre de six, ne peuvent non plus donner lieu à aucune grande division. Enfin jusqu'à ce jour il m'a été impossible de trouver des caractères suffisants pour les partager en grandes familles subdivisées en tribus, et tout ce que j'ai pu faire c'est de les coordonner en une série de tribus, dont quelques unes pourraient à la rigueur être réparties en sous-tribus.

PREMIÈRE TRIBU.

SÉSIAIRES, *SESIARIÆ.*

Chenilles vermiformes vivant dans l'intérieur des végétaux, munies de petits poils fins, rares, et d'une plaque écailleuse sur le premier et le dernier anneau, ayant proportionnellement les mâchoires fortes. Chrysalides munies de petites aspérités sur le bord des anneaux. *Insecte parfait*, volant en plein jour; front arrondi, écailleux, pourvu de deux stemmates distincts; abdomen cylindrico-conique; ailes plus ou moins transparentes, les inférieures munies d'un crin.

GENRE THYRIS. ILLIG., LATREILLE.

Chenilles vermiformes, assez épaisses, d'une couleur pâle, livide, ponctuées, garnies de quelques petits poils rares. Chrysalides courtes, coniques, un peu renflées au milieu, munies de petites aspérités peu saillantes sur le bord des anneaux. *Insecte parfait :* palpes s'élevant au-delà du chaperon, cylindrico coniques, avec le dernier article presque nu, et terminé par une sorte de pointe; antennes fusiformes, presque sétacées, un peu plus fortes dans le mâle que dans la femelle; abdomen conique; jambes postérieures, munies de forts ergots; ailes horizontales, courtes, denticulées.

Les *Thyris* sont peu nombreuses; j'en connais une espéce de Java, deux d'Europe, et trois de l'Amérique septentrionale, en y comprenant les deux espéces propres à l'Europe. A l'état de chenilles, elles vivent comme les *Cossus*, les

1.

2.

3.

4.

5.

7.

6.

1. Syrichtus Orbifer.
2. ——— *id. en dessous.*
3. Hesperia Nostradamus.
4. ——— Lineola.
5. Hesperia Lineola *en dessous.*
6. Thanaos Marloyi
7. ——— *idem en dessous.*

P. Dumenil pinx et dir.

Nonagria, et plusieurs Tinéides, dans l'intérieur des végétaux. A l'état parfait, elles ne sont nulle part très communes. Elles volent à l'ardeur du soleil sur les fleurs comme des mouches.

THYRIS VITRINA. Pl. 48, fig. 1.

Alis subdentatis fuscis rubro maculatis ; anticis macula minima, posticis lata, fenestratis.

BOISD., *Monog. des Zygénides*, p. 19, pl. 1, fig. 5.
BOISD., *Ind. meth.*, p. 29.

Elle est un peu plus grande que la *Fenestrina*. Ses premières ailes sont d'un brun uniforme, avec deux taches rouges vers l'extrémité, dont la plus inférieure est près de l'angle interne, et une tache discoïdale très étroite d'un blanc transparent.

Les secondes ailes sont brunes, avec la base et le bord abdominal d'un rouge rutilant et une large tache d'un blanc transparent presque carrée sur le milieu du disque. Vers l'extrémité ces mêmes ailes ont deux petites taches rouges, presque unies par une liture.

Le dessous des ailes supérieures est d'un gris-violâtre luisant, avec la tache blanche du disque ocellée de noir.

Le dessous des inférieures est aussi d'un gris violâtre, avec les taches rouges du dessus dessinées en jaunâtre.

La frange des quatre ailes est brunâtre, luisante. Le corselet est brunâtre, ainsi que la tête ; l'abdomen est d'un rougeâtre rutilant en dessus et grisâtre en dessous ; les pattes sont brunes, ainsi que les antennes.

Elle se trouve dans le midi de l'Espagne ; elle habite aussi plusieurs contrées de l'Amérique septentrionale.

Voyez, pour la chenille, notre *Collection iconographique des Chenilles d'Europe.*

GENRE SESIA. Lᴀᴛ., Lᴀsᴘ., Oᴄʜs., Dᴀʟᴍ., Gᴏᴅ., Bᴏɪsᴅ.

TROCHILIUM, Sᴄᴏᴘᴏʟɪ, Sᴛᴇᴘʜᴇɴs; *ÆGERIA*, Fᴀʙʀɪᴄ., *Syst. gloss.*, Sᴛᴇᴘʜᴇɴs.

Chenilles vermiformes, épaisses, à pattes courtes, garnies de quelques poils rares, d'une couleur blanchâtre livide, à mandibules robustes. Chrysalides scabres sur le bord des anneaux. *Insecte parfait :* antennes presque cylindriques, un peu renflées au milieu, ou tout-à-fait linéaires, toujours munies à leur extrémité d'une petite houpe d'écailles, quelquefois ciliées ou bipectinées en dessous dans les mâles, toujours simples dans les femelles; palpes dépassant notablement le chaperon, écailleux ou velus, non appliqués sur le front, souvent écartés, de trois articles distincts; trompe ordinairement alongée; deux stemmates distincts au-dessus des yeux; ailes très étroites, transparentes ou vitrées; corps alongé, cylindrique, linéaire; terminé le plus souvent par un faisceau de poils, ordinairement annelé; pattes alongées, les postérieures munies de deux ergots.

Les Sésies vivent à l'état de larves dans les tiges ligneuses de certains arbres, ou dans les racines de quelques arbrisseaux. Plusieurs de nos espéces habitent dans les troncs des peupliers, des bouleaux, des chênes, des ormes, etc.

A l'état parfait, elles volent comme des guêpes, à l'ardeur du soleil, sur les fleurs ou sur les troncs des arbres en décomposition.

On trouve ces insectes dans presque tous les pays ; cependant les espéces exotiques sont rares dans les collections.

1. SESIA LAPHRIÆFORMIS. Pl. 48, fig. 2 et 3.

Alis hyalinis nervis marginibusque fuscis; abdomine nigro cingulis quinque, humerorum margine, palpis, orbitisque oculorum, flavis; antennis (maris subtus pectinatis) pedibusque luteis.

Elle est de la taille de l'*Asiliformis*. Ses quatre ailes sont transparentes, avec les contours noirâtres et les nervures d'un brun un peu ferrugineux. Le bord interne des supérieures est ferrugineux, et à l'extrémité de leur cellule discoïdale on aperçoit une petite tache de la même couleur.

Les quatre ailes en dessous ont la bordure et les nervures d'un jaune un peu roussâtre.

La tête est noire, avec les pattes et les orbites d'un jaune citron. Les antennes sont d'un jaune fauve, ainsi que les pattes. Le corselet est noir, avec les épaulettes lisérées de jaune. L'abdomen est noir, avec le bord postérieur des anneaux bordé de jaune citron, à l'exception du quatrième qui est le plus souvent dépourvu de cercle jaune. La queue est noirâtre, mélangée de poils jaunes. On remarque aussi ordinairement une petite tache d'un jaune citron à la base des pattes antérieures.

Les antennes du mâle sont plus fortement pectinées que dans aucune autre espèce européenne; celles de la femelle sont simples.

Cette espèce m'a été envoyée comme de Hongrie par MM. le baron Wimmer et Anderregg. On en a trouvé aussi plusieurs individus dans l'est de la France.

2. SESIA ANTHRACIFORMIS. Pl. 48, fig. 4.

Nigro-corvina, alis anticis bi-fenestratis ; posticis hyalinis, margine nigro ; abdomine corvino haud cingulato.

RAMBUR, *Lépid. de Corse, in Ann. de la Soc. ent.*, pl. 7, fig. 7.

Elle est de la taille de la *Formicæformis*. Ses ailes supérieures sont d'un noir à reflet bleuâtre ou verdâtre, marquées de deux taches vitrées, dont l'externe presque carrée, coupée par deux et souvent par trois petites nervures, et la seconde alongée, conique, divisée par une seule nervure.

Les ailes inférieures sont transparentes, avec la frange et les nervures noires. Le dessous des ailes n'offre pas de différences notables.

La tête, le corselet, les antennes, l'abdomen et les pattes sont d'un noir à reflet bleuâtre.

La femelle est er tout semblable au mâle.

Elle a été découverte en Corse par M. Rambur sur les feuilles de l'*euphorbia myrsinites*, et il est assez porté à croire que la chenille vit dans les tiges de cette plante.

SECONDE TRIBU.

SPHINGIDES, *SPHINGÌDES.*

Chenilles cylindriques, nues, un peu atténuées antérieurement, un peu renflées postérieurement, munies le plus ordinairement d'une corne anale ou d'un tubercule qui en tient lieu. Chrysalides lisses, mutiques, rarement enveloppées dans une coque. *Insecte parfait :* antennes linéaires, prismatiques, velues à l'extrémité apicale; celles des mâles plus grosses, scabres en dessous, velues ou dentées; celles des femelles plus simples : palpes larges, contigus, appliqués exactement sur le front, recouverts d'écailles courtes et très serrées, le troisième article pouvant à peine être distingué; chaperon saillant, recouvert d'écailles très denses; ailes étroites, les inférieures pourvues le plus ordinairement d'un crin, et beaucoup plus courtes que les supérieures; corselet très robuste; abdomen très gros, alongé, cylindrico-conique ou terminé par une brosse étalée.

Notre tribu des Sphingides ne comprend que le genre *Sphinx* des anciens auteurs. Nous en avons séparé les *Castnia*, qui sont devenues pour nous le type d'une nouvelle tribu.

GENRE MACROGLOSSA. Ochs., Boisd., Stephens.

MACROGLOSSUM, Scopoli ; *SESIA*, Fabricius, *Syst. glossat.*, Stephens ;
 HEMARIS, Dalman ; *SPHINX*, God., Latr., Linn.

Chenille lisse, alongée, finement pointillée, à tête globuleuse,
pourvue d'une corne anale. Chrysalide cylindrico-conique, terminée par une petite pointe. *Insecte parfait :* tête velue, yeux
grands, trompe de la longueur du corps, palpes grands, épais,
coupés obliquement antérieurement, recouverts d'écailles très
denses, s'élevant au-delà des yeux, appliqués sur le front ; antennes raides, cylindrico-prismatiques, minces à la base, renflées peu-à-peu vers l'extrémité, à sommet grêle et velu ; ailes
courtes assez larges, ayant le trait de la cellule discoïdale des
supérieures placé un peu avant le milieu, tantôt opaques, tantôt transparentes ; corps court, épais, déprimé, aplati en dessous, plus ou moins fasciculé sur les côtés, terminé par un épais
faisceau de poils étalés en queue d'oiseau.

Les Macroglosses volent en plein jour à l'ardeur du soleil,
en bourdonnant, avec une vitesse telle, que l'œil ne peut souvent suivre leurs mouvements. Ils ne se posent jamais ; c'est
en volant qu'ils dardent leur longue trompe dans les corolles
de la bugle, des chèvrefeuilles, de la sauge des prés, ou d'autres fleurs tubuleuses. A l'état de chenilles, ils vivent à découvert sur des plantes herbacées ou frutescentes. La métamorphose se passe dans les feuilles ou sous les herbages. L'éclosion
pour nos espéces d'Europe a ordinairement lieu au printemps
et en été. Il est même une espéce (*M. Stellatarum*) qui paraît
presque sans interruption depuis le commencement du printemps jusqu'à la fin d'octobre.

Ce genre est répandu dans les deux continents, et les collections en renferment une vingtaine d'espéces.

MACROGLOSSA CROATICA. Pl. 48, fig. 5.

Thorace alisque anticis sub-olivaceo-viridibus, margine exteriori late fusco ; posticis utrinque, anticis subtus, vivide ferrugineis.

Boisd., *Ind. meth.*, p. 32.
Sphinx croatica. Ochs., *Schm. von Europ.*, III, p. 191, n° 3.
Esp., *Schmett.*, tab. 45, cont. 20, fig. 2.
Sphinx sesia. Hubn., Sphing., tab. 18, fig. 89.

Il est de la taille de *Bombyliformis*, et il est intermédiaire entre cette espéce et le *Stellatarum*. Dans les individus bien frais et élevés de chenille, les ailes supérieures sont d'un beau vert olivâtre, avec une large bordure brune postérieure divisée par les nervures qui sont un peu plus claires. Dans les individus qui ont volé, le vert est moins brillant et plus olivâtre. Les ailes inférieures sont entièrement d'un roux ferrugineux. Le dessous des quatre ailes est roux, avec la base un peu plus pâle.

Le dessus de la tête, du corselet et des premiers anneaux de l'abdomen est du même vert que les ailes supérieures. Les deux anneaux du milieu sont d'un brun marron. Les deux suivants, qui sont les derniers, sont jaunes, avec les brosses latérales presque blanches. Le premier de ces deux anneaux est coupé au milieu par une tache carrée d'un brun marron. La queue est d'un brun marron, avec l'extrémité noirâtre. Les antennes sont noires.

Le dessous de la tête, de la poitrine et des premiers anneaux de l'abdomen est blanc, avec le ventre d'un brun marron.

Il se trouve en Dalmatie, en Croatie et en Morée.

GENRE PTEROGON. Boisd.

MACROGLOSSA, Ochs.; *SPHINX*, Hubn., Esp.

Chenille à tête globuleuse, rétractile. Chysalide cylindrico-conique, terminée par une pointe. *Insecte parfait :* tête plus étroite
que le corselet, yeux grands; trompe à-peu-près de la longueur du corps; palpes épais, contigus, coupés obliquement
antérieurement, recouverts d'écailles et de poils très denses, s'é-
levant au niveau du bord supérieur des yeux, appliqués sur le
front, et se confondant entièrement avec le sommet de la tête;
antennes raides, cylindrico-prismatiques, minces à leur base,
renflées peu à peu vers l'extrémité, à sommet grêle, plus ou
moins long, recourbé en crochet; ailes assez courtes; les supérieures profondément anguleuses, et ayant l'angle interne très
saillant par l'évidement plus ou moins prononcé du bord interne, une tache stigmatique noire en forme de trait oblique
sur leur milieu; les inférieures dentelées, anguleuses, avec l'angle anal très prononcé; corps plus ou moins raccourci, le plus
ordinairement fusiforme, quelquefois aplati en dessous, terminé par des poils, tantôt en un faisceau conique faisant suite
à l'abdomen, tantôt par un faisceau étalé, et quelquefois par
deux faisceaux contigus roulés en cornet, séparés par un petit
pinceau intermédiaire.

Les Ptérogons ont le vol crépusculaire ou nocturne. Par
leurs ailes anguleuses, ils font le passage au *Deilephila* à ailes
denticulées; et par leur abdomen fasciculé, ils se rattachent
aux *Macroglossa*. A l'état de chenilles, ils vivent à découvert
sur des plantes herbacées ou frutescentes. La métamorphose
se passe dans la terre ou sous les feuilles sèches.

Ce genre se trouve dans les deux continents. D'après la
manière dont l'abdomen se termine, il peut se partager en
trois petites divisions.

La première comprendra les espéces telles que *Gorgoniades, OEnotheræ, Gauræ*, dont le faisceau anal est égal, étalé,
et qui ont en outre des petites saillies fasciculées sur les côtés.

La seconde renfermera celles qui ont deux faisceaux roulés

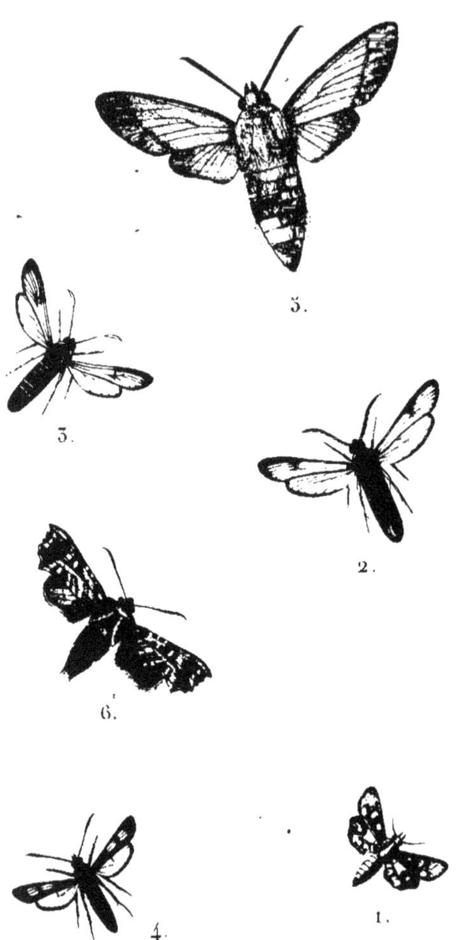

5.

3.

2.

6.

4.   1.

1. Thyris Vitrina.   4. Sesia Anthraciformis.
.2. Sesia Laphriæformis.   5. Macroglossa Croatica.
3. ——— *idem femelle*.   6. Pterogon Gorgoniades.

en cornet, avec un petit pinceau intermédiaire, comme le *Gorgon* de Cramer.

La troisième, qui sera la plus nombreuse, comprendra toutes celles qui ont l'extrémité de l'abdomen terminée comme la plupart des *Deilephila*. Les espèces de l'Afrique appartiennent à cette section.

PTEROGON GORGONIADES. Pl. 48, fig. 6.

Pallide cinereus, alis flexuoso-angulatis nigrescenti fasciatis strigis arcuatis rectisque albidis; abdomine barbato maculis lateralibus albidis.

> Boisd., *Ind. meth.*, p. 32.
> *Macroglossa gorgon.* Ochs., *Schmett. von Europ.*, V. nacht., p. 175, n° 6.
> *Sphinx gorgon.* Esp., *Schm.*, II th., tab. 47, cont. 22, fig. 5.
> Hubn., Sphing., tab. 21, fig. 102, et tab. 27, fig. 124.

Il est un tiers plus petit qu'*OEnotheræ*. Ses ailes supérieures sont d'un gris-cendré un peu blanchâtre, avec deux fascies noirâtres, obliques, dont la première, qui est à la base, est très courte et n'atteint pas le bord interne, et la seconde, qui est au milieu, traverse l'aile entièrement. Cette dernière a un petit sentiment d'interruption dans son milieu ; elle est suivie sur son côté externe d'un petit trait noir longitudinal, et marquée dans sa partie supérieure d'un petit trait blanc en forme d'I. Le sommet offre une liture noirâtre, divisée transversalement par une petite ligne blanche très fine, en zigzag. La frange est brune. Les ailes inférieures sont noirâtres avec la frange blanchâtre ; elles sont un peu plus claires vers leur moitié antérieure, et paraissent marquées de deux raies transverses plus obscures, à peine distinctes en dessus, mais visibles en dessous où le fond est plus pâle.

Le corselet est d'un gris-cendré pâle, avec quelques atomes plus foncés. L'abdomen est grisâtre, terminé par un faisceau de poils cendrés, et marqué de chaque côté de trois petits points blancs, dont l'intermédiaire est à peine apparent dans l'unique individu que nous avons vu. Les antennes sont d'un jaune brunâtre.

Cette espèce est très rare dans les collections. Notre figure et notre description sont faites d'après un individu mâle faisant partie de la collection de M. Chardiny, receveur municipal de la ville de Lyon, et possesseur d'une riche collection de Lépidoptères d'Europe.

GENRE *DEILEPHILA*. Ochs., Boisd., Stephens.

SPECTRUM, Scopoli; *SPHINX*, Lat., God., Autor. Reliq.; *FAM.* C
et D, Wien. Verz.

Chenilles lisses, alongées, à tête arrondie, globuleuse, ayant souvent la partie antérieure du corps en forme de groin, tantôt
marquées de plusieurs taches oculaires, tantôt tachetées latéralement; le onzième anneau presque toujours pourvu du corne
dirigé en arrière. Chrysalide alongée, cylindrico - conique,
terminée par une petite pointe assez saillante. *Insecte parfait :*
tête très velue, écailleuse, yeux grands, trompe tantôt de la
longueur du corps et tantôt plus courte; palpes grands, épais,
coupés obliquement antérieurement, recouverts d'écailles très
denses, contigus, s'élevant au niveau du bord supérieur des
yeux, appliqués sur le front; antennes raides, prismatiques ou
cylindrico-prismatiques, amincies à la base, renflées peu à peu
jusqu'à l'extrémité, terminées par une petite pointe velucre cour-
bée; ailes alongées, les supérieures marquées d'un petit point
central stigmatique, entières ou un peu sinuées, quelquefois
denticulées; abdomen conique, pointu, plus ou moins alongé.

Les *Deilephila* se montrent après le coucher du soleil, et
butinent sur les fleurs odoriférantes et tubuleuses, telles que
celles de la valériane rouge, du chèvrefeuille, etc. Leur vol
est très rapide, et ils ne se posent jamais.

A l'état de chenilles, ils vivent sur une infinité de plantes
basses ou arborescentes. En Europe et dans l'Amérique septentrionale, ils semblent affectionner particulièrement certaines familles, entre autres celles des Onagraires, des Ru-
biacées, des Euphorbiacées, des Vinifères.

Leurs chenilles souvent variées de couleurs brillantes sont
très voraces, et prennent un accroissement assez rapide. Les
unes sont cylindriques, et les autres ont la partie antérieure
du corps atténuée en forme de groin, rétractile dans le repos, et les premiers anneaux ornés de taches latérales oculaires. Cette différence remarquable dans le premier état de

3

ces Sphingides nécessitera peut-être plus tard leur division en deux genres, ainsi que l'ont indiqué depuis long-temps les auteurs du *Catalogue systématique des Lépidoptères des environs de Vienne.*

Les Déiléphiles sont assez nombreux. Ils se trouvent dans toutes les parties des deux continents.

1. DEILEPHILA OSYRIS. Pl. 49, fig. 1.

Alis integris, anticis fuscis, striis fasciaque obliqua pallidis; posticis roseis fasciis duabus nigris anteriore interrupta; abdomine basi nigro et roseo fasciato lineisque longitudinalibus pallidis.

Dalman, *Analect. Entom.*, 48, n° 21.

Il ressemble un peu au *Celerio* par ses ailes supérieures, mais il est un tiers plus grand. Elles sont d'un brun olivâtre, avec une raie médiane oblique, d'un blanc-argentin rosé, s'étendant du sommet à la base, divisée dans sa longueur par une petite ligne plus foncée. En avant de cette raie, il y en a une autre moins prononcée partant du milieu de la base, allant s'unir vers le sommet, à angle aigu avec la précédente, précédée vers le milieu de la côte d'un petit point noir. En arrière de la raie médiane est une ligne pâle parallèle peu marquée. Le bord postérieur de l'aile est d'un gris-rosé blanchâtre, divisé par une petite ligne brune. La base de l'aile offre, comme dans *Celerio*, une petite touffe de poils noirs qui se prolonge de même un peu sur la nervure médiane.

Les ailes inférieures sont d'un joli rose, avec l'extrémité d'un gris-rosé pâle. Elles sont divisées par deux bandes noires, dont la supérieure est interrompue intérieurement, et forme une tache ovale-quadrangulaire près du bord abdominal. La postérieure est moins large, et décrit un peu l'arc en longeant le sinus de l'angle anal.

Le corselet est de la couleur des ailes, avec une raie dorsale, et une raie latérale naissant du bout des palpes, d'un

gris-blanchâtre rosé. Les épaulettes sont divisées longitudinalement comme dans *Celerio* par une ligne dorée. Le corps est
alongé, d'un gris olivâtre en dessus, d'un gris un peu rosé
sur les côtés, avec deux lignes d'un blanc rosé, parallèles,
rapprochées sur le milieu du dos, et une raie dorée plus ou
moins marquée au-dessus des flancs. Outre cela, de chaque
côté près de la base il offre deux bandes courtes, transverses,
noires. La tête est olivâtre, avec les palpes blanchâtres. Les
antennes sont d'un blanc grisâtre.

Le dssous des quatre ailes est à-peu-près comme dans
Celerio.

Cette superbe espéce a été prise aux environs de Cadix
pendant l'occupation de cette ville par l'armée française en
1822. L'individu décrit par Dalman avait été rapporté de la
côte d'Afrique, ce qui semblerait indiquer qu'elle est d'origine africaine comme le *Charaxes Jasius* et le *Celerio*. Je ne
posséde que la femelle.

Elle se distingue au premier coup d'œil de *Celerio*, en ce
que son abdomen offre de chaque côté deux bandes noires
transverses comme dans *Lineata*, etc. ; en ce que la bande
antérieure des secondes ailes est interrompue ; en ce que la
partie rose de ces mêmes ailes n'est pas divisée par des nervures noires, etc.

2. DEILEPHILA CRETICA. Pl. 49, fig. 2.

*Ails integris, anticis cinereo-umbrinis striis obliquis punctoque discoi-
    dali fuscis; posticis* feminæ *rubris basi nigra margineque fusco,*
    maris *fuscis angulo anali dilutiori.*

> *Sphinx cretica.* BOISD., *Ind. method.*, p. 32.
> *Annal. de la Société linn. de Paris*, 1827, pl. 6, fig. 5.
> *Sphinx alecto.* MÉNÉTRIÉS, *Catal. des objets de zool. recueillis
>   au Caucase*, p. 258, n° 1237.

Il ressemble beaucoup à l'*Alecto* de Cramer, et il serait
même possible qu'il n'en fût qu'une variété locale. Ses premières ailes sont d'un gris couleur de terre d'ombre, peu brillant, avec cinq lignes obliques parallèles, d'une couleur plus
sombre, dont la première, la troisième et la quatrième sont
un peu plus larges et plus apparentes que les autres. Outre
cela, elles offrent vis-à-vis du milieu de la côte un petit point
noirâtre.

Les ailes inférieures dans le mâle sont d'un brun-noirâtre,
avec la marge et l'angle anal d'une couleur beaucoup plus
claire et un peu rosâtre. Celles de la femelle sont rouges, avec
la base très noire, l'angle anal d'un blanc sale et la marge d'un
brun noirâtre.

Le dessous des ailes supérieures est d'un jaune tirant sur
le rose, finement sablé de noirâtre, avec l'extrémité grisâtre
aspergée d'atomes plus foncés. Celui des secondes ailes est du
même ton que celui des supérieures, mais on y remarque de
plus deux légères bandes maculaires qui vont se fondre insensiblement sur les supérieures.

Le corselet est d'un brun olivâtre, avec une raie blanchâtre latérale qui se prolonge du bout du museau jusqu'au-
delà des ailes inférieures, où elle se confond avec la couleur
des flancs. La tête est olivâtre, avec les antennes blanches en
dessus et jaunâtres en dessous. L'abdomen est en dessus de la
couleur des ailes, avec quelques lignes longitudinales plus

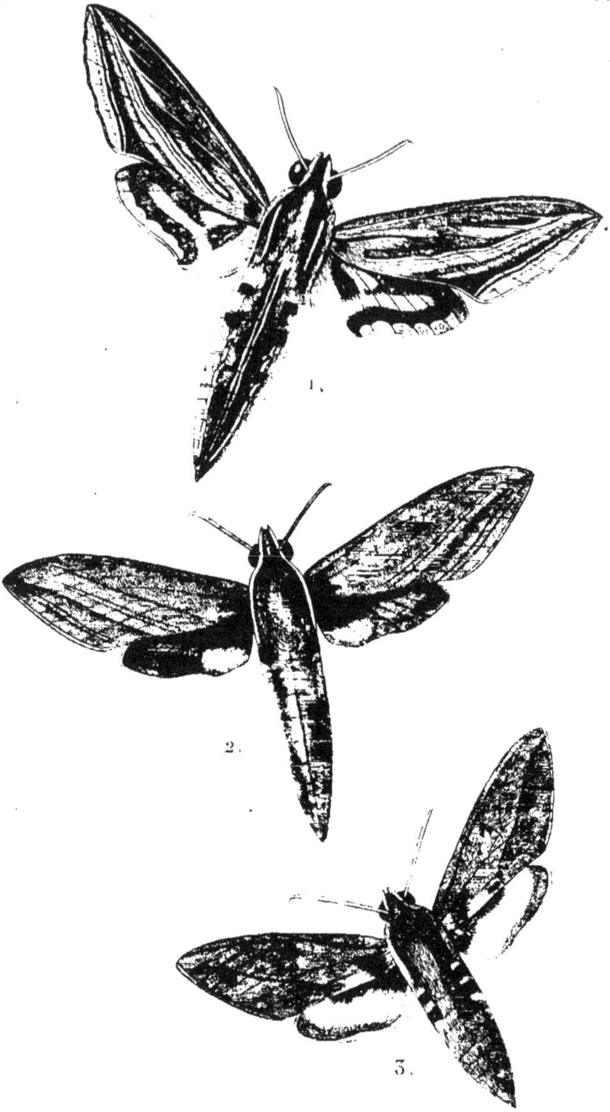

1.

2.

3.

1. Deilephila   Osyris.
2. —————   Cretica *mâle*.
3. —————   Vespertilioides.

P. Dumenil pins & dir.

foncées, et il offre de chaque côté près de la base une tache noire.

Il a été pris par M. d'Urville dans les îles de l'Archipel, et à Constantinople par M. Rivière. Le docteur Bartels, médecin de la flotte russe dans la Méditerranée, en a rapporté plusieurs exemplaires, qu'il avait recueillis dans les îles de la Grèce en 1829; et M. Ménétriés, dans son voyage au Caucase, en a pris un individu à Derbent.

Cette espéce ne diffère guère de l'*Alecto* des auteurs que parceque le mâle a les ailes noirâtres, tandis que dans l'*Alecto* du Bengale elles sont rouges comme dans la femelle.

Ce *Deilephila* n'a aucun rapport avec nos espéces européennes. Il forme un petit groupe à part avec celles appelées *Eson*, *Thyelia*, *Saclavorum*, etc.

3. DEILEPHILA VESPERTILIOIDES. Pl. 49, fig. 3.

*Alis anticis cinereis, fascia obliqua ad apicem, altera basali, puncto-
que medio obscurioribus; thorace cinereo; posticis rubro-incarnatis
basi limboque nigris; omnibus subtus pallido-roseis atomis sparsis
margine basique cinereis.*

Sphinx vespertilioides. Boisd., *Ann. de la Soc. linn. de Paris,*
1827, vol. VI, pl. 6, fig. 4.
Ind. method., p. 33.

Ce Sphingide étant très rare et ne présentant point de caractères propres, mais un mélange de ceux que nous offrent
Vespertilio et *Hippophaes,* nous croyons devoir le considérer
comme un hybride produit par l'accouplement de ces deux
espéces.

Le dessus des premières ailes est d'un gris un peu blanchâtre, avec le bord postérieur longé par une bande oblique
beaucoup plus foncée, et d'une couleur ardoisée à son extrémité près de la frange. Le côté interne de cette bande est un peu
sinué. La côte est d'un gris olivâtre. La base et une partie du
bord interne sont garnis de poils blancs, divisés par une touffe
de poils noirs formant une bande courte. Outre cela, on distingue près du milieu un petit point noirâtre, suivi d'une tache
elliptique de la même couleur plus ou moins marquée.

Le dessus des secondes ailes est d'un rouge fleur de pêcher,
avec la base et le bord postérieur noirs à-peu-près comme dans
Vespertilio. L'angle anal offre une éclaircie d'un blanc rosé.
La frange et le bord qui la précéde sont d'un gris rosé.

Le dessous des ailes supérieures est gris, avec le milieu tra-
versé par une bande d'un rouge très pâle pointillée de noir, et
fortement dentée extérieurement. Celui des inférieures ne se
distingue du dessus que parcequ'il est beaucoup plus pâle, et
que la base est sablée d'une multitude de petites hachures
noirâtres.

Le corselet est cendré, avec les épaulettes bordées latéralement par une raie blanche venant de l'extrémité du museau. La tète est cendrée, avec les palpes et les antennes blanches. L'abdomen est de la couleur des ailes supérieures, avec les côtés entrecoupés par deux bandes blanches et deux bandes noires. Le ventre est entièrement d'un gris lavé de rose.

Nous l'avons trouvé au bord du Drac, au rocher de Sessin, près de Grenoble, localité où *Vespertilio* et *Hippophaes* sont fort communs.

Voyez, pour la figure et la description de la chenille, notre *Iconographie des Chenilles d'Europe.*

Observations. Les ailes supérieures offrent le même dessin que dans *Hippophaes*, mais leur teinte est un peu plus cendrée. Les inférieures au contraire sont presque complétement semblables à celles de *Vespertilio*.

4. DEILEPHILA EPILOBII. Pl. 51, fig. 3.

*Alis anticis subcinereis fascia obliqua extus angulosa ad apicem, al-
tera basali, macula media obsoleta thoraceque, cinereo-olivaceis;
posticis rubro-incarnatis basi limboque nigris, angulo anali albido;
omnibus subtus roseis extimo cinereo, anticis macula media, oblonga
nigra.*

Ainsi que nous l'avons dit dans notre *Iconographie des Chenilles d'Europe*, ce Déiléphile ne me paraît être qu'un hybride
de *Vespertilio* et d'*Euphorbiæ*. En effet, il ne présente ainsi
que la chenille que nous avons figurée, aucun caractère
spécial. Les ailes supérieures et le corselet sont, à quelque
modification près, comme dans *Euphorbiæ*. Les ailes inférieures et l'abdomen sont au contraire comme dans *Vespertilio*. Voici du reste sa description détaillée :

Il a le port et la taille de l'*Hippophaes*. Ses ailes supérieures
sont grisâtres ; elles ont à leur base une tache d'un brun olivâtre, bordée des deux côtés par quelques poils blancs. Dans
la cellule discoïdale, elles ont une tache irrégulière, mal
écrite, de la même couleur. Sur le côté externe de cette tache,
on voit une raie oblique un peu plus pâle descendant de la
côte au bord interne. Enfin vers l'extrémité, on remarque une
bande oblique d'un brun olivâtre, très légèrement sinuée sur
son côté interne, commençant en pointe à l'extrémité du sommet, se dilatant extérieurement au-dessous de la nervure
médiane pour former deux angles obtus. La partie située entre cette bande et la frange est d'un cendré-obscur uniforme.

Les ailes inférieures sont d'un rouge fleur de pêcher, avec
la base et la bordure noire. L'angle anal est d'un blanc très
faiblement rosé ; entre la frange et la bordure noire, la couleur est d'un rose-cendré pâle.

Le corselet est olivâtre, bordé de blanc de chaque côté,
comme dans les espèces analogues. L'abdomen est d'un cendré un peu olivâtre, avec deux taches noires latérales entre-
coupées de blanc.

1. Deilephila Tithymali.
2. ___________ Zygophylli.
3. ___________ Epilobii.

P. Dumenil pinx & dir.

Le dessous des ailes est rose, avec une bordure cendrée, sinuée sur son côté interne. Les supérieures offrent dans la cellule discoïdale une tache noire ovale bien marquée.

Les antennes sont blanches en dessus et roussâtres en dessous. Le ventre est d'un gris-blanchâtre faiblement lavé de rose sale.

Il se trouve aux environs de Lyon, et probablement dans toutes les localités où *Vespertilio* et *Euphorbiæ* sont communs.

Voyez la figure et la description de la chenille dans notre *Iconographie des Chenilles d'Europe.*

Observations. Il est très voisin de *Vespertilioides*, et il ne s'en distingue que par les caractères suivants : le corselet est olivâtre au lieu d'être d'un gris cendré; les bandes des ailes sont plus obscures, plus prononcées, et celle qui longe l'extrémité est plus anguleuse et moins fondue avec la teinte de l'extrémité; le rose des ailes inférieures occupe moins d'espace, et le dessous des ailes supérieures offre sur le disque une tache noire ovale comme dans *Euphorbiæ*, *Dahlii*, etc.

5. DEILEPHILA ESULÆ. Pl. 5o, fig. 1.

Alis integris, anticis cinereo-ardusiaceis vitta pallida maculaque disci
virescente; posticis nigris fascia media rubra margineque exteriori
ardusiacea.

Il a tout-à-fait le port et la taille *d'Euphorbiæ*, et il se rapproche beaucoup par sa teinte *d'Hippophaes;* cependant, en
considérant attentivement le dessin, on y trouve à-peu-près
les mêmes caractères que dans le premier, dont il n'est peut-
être qu'une variété locale ; mais comme nous avons vu huit
individus parfaitement semblables, et qu'il est possible que la
chenille diffère autant *d'Euphorbiæ* que celle de *Nicea* diffère
de cette dernière, quoique les insectes parfaits ne se distinguent que par la taille, nous avons cru devoir le considérer
comme une espéce jusqu'à ce que la découverte de la larve
vienne ou la confirmer ou la détruire.

Ses ailes supérieures sont d'un gris-ardoisé blanchâtre, avec
une tache basilaire, une tache discoïdale et une bande transverse sinuée d'un vert-olivâtre obscur. La partie du fond qui
borde intérieurement la bande transverse est plus ou moins
blanchâtre. La tache discoïdale est précédée, comme dans
Nicea et *Euphorbiæ,* entre le sommet et la côte, par une petite
tache olivâtre plus ou moins marquée.

Le dessus des secondes est noire, avec une bande transverse à-peu-près du même rouge que dans *Hippophaes.* Cette
bande offre, comme dans la plupart des espèces voisines,
près du bord abdominal, une tache blanche arrondie.

Le dessous des quatre ailes est rouge, mais plus pâle que
dans *Euphorbiæ,* avec une tache noire ovale vers le milieu des
supérieures et une raie noirâtre transverse sur le disque des
inférieures.

Le corselet est d'un vert-olivâtre foncé bordé de blanc. La
tête est olivâtre, avec les antennes et les palpes blanches.
L'abdomen est plus obscur que le corselet, et il a sur chaque

1. Deilephila Esulæ.
2. ——————— Dahlii.
3. ——————— Dahlii *Var*.

P. Dumenil pinx. & dir.

côté quatre bandes blanches, dont les deux premières plus larges, plus courtes, bordées antérieurement par une bande noire. Le ventre est d'un rouge pâle, avec les incisions des anneaux blanchâtres.

Il se trouve dans le midi de l'Italie. Les deux individus que je possède m'ont été donnés par M. Buquet.

Observation. J'ai vu un assez grand nombre d'*Euphorbiæ* élevés en Sicile et en Calabre, qui ne diffèrent en rien de ceux des environs de Paris.

4.

6. DEILEPHILA DAHLII. Treitschke. Pl. 5o, fig. 2 et 3.

Alis integris, anticis olivaceis fascia nervisque postice albidis ; posticis nigris fascia media margineque exteriori rubris ; abdomine cingulis tribus nigris, incisuris supra violaceis.

> *Sphinx dahlii.* Boisd., *Ind. meth.*, p. 33.
> Hubn., Sphing., Supp. par Geyer.
> Rambur, *Lépid. de Corse, in Ann. de la Société ent.*, 1832,
>   p. 266.

Il est intermédiaire entre *Euphorbiæ* et *Lineata*. Ses ailes supérieures sont d'un vert olivâtre, avec une bande transverse, sinuée d'un blanc plus ou moins lavé de jaunâtre, marquée près de la côte d'une tache ovale olivâtre, précédée intérieurement d'un petit point noirâtre. Leur extrémité postérieure est bordée par une bande d'un gris de perle un peu rosé, et divisée longitudinalement par des nervures blanchâtres comme dans *Lineata*.

Les ailes inférieures sont rouges, avec deux bandes noires, dont l'antérieure large et occupant la base, et la postérieure parallèle au bord terminal. L'espace qui sépare ces deux bandes offre en outre sur le bord abdominal une éclaircie blanche arrondie.

Le dessous des quatre ailes est comme dans *Euphorbiæ*.

Le corselet est d'un vert olivâtre, avec les épaulettes bordées de blanc des deux côtés. L'abdomen est du même vert que le corselet, marqué de chaque côté de trois taches noires. Les incisions sont blanches, interrompues sur le dos, et les trois premières en dessus sont d'un beau violet, sur-tout lorsque l'insecte est vivant. Le ventre est rouge. Les antennes sont blanches.

Il varie un peu. Il y a des individus où la bande blanche est divisée dans sa longueur par une raie obscure. Dans d'autres, les nervures blanchâtres sont peu prononcées, et les ailes supérieures ont beaucoup de rapport avec celles d'*Euphorbiæ* ; mais on reconnaîtra toujours facilement cette espéce à ses trois taches noires latérales et à ses épaulettes bordées de blanc.

Il remplace en Sardaigne et en Corse notre *Euphorbiæ*.

Voyez, pour la chenille, notre *Collection iconographique des Chenilles d'Europe*.

7. DEILEPHILA TITHYMALI. Pl. 5i, fig. i.

Alis integris, anticis olivaceis fascia nervisque postice albidis; posticis nigris fascia media margineque exteriori rubris; abdomine cingulis duobus nigris.

Il est tout-à-fait intermédiaire entre *Dahlii* et *Zygophylli*. Ses ailes supérieures sont d'un vert olivâtre, avec une bande transverse sinuée, d'un blanc plus ou moins jaunâtre, un peu plus étroite que dans *Dahlii*, mais marquée de même près de la côte d'une tache ovale olivâtre, précédée intérieurement d'un petit point noirâtre. Leur extrémité postérieure est bordée par une bande d'un gris de perle saupoudrée d'atomes ou de hachures, et divisée, comme dans *Lineata* et *Dahlii,* par nervures blanchâtres.

Les ailes inférieures sont rouges, avec deux bandes noires, dont l'antérieure large et occupant la base, et la postérieure paralléle au bord terminal. L'espace qui sépare ces deux bandes offre en outre sur le bord abdominal une tache blanche arrondie, plus grande et plus marquée que dans le *Dahlii*.

Le dessous des quatre ailes est beaucoup plus grisâtre que dans *Euphorbiæ* et *Dahlii*, couvert de hachures noirâtres. Le disque des supérieures présente de même une tache noirâtre des ovale.

Le corselet est d'un vert olivâtre, avec les épaulettes plus largement bordées de blanc, sur-tout intérieurement, comme dans *Dahlii*. L'abdomen est du même vert que le corselet, marqué de chaque côté de deux taches noires comme dans *Euphorbiæ*. Les incisions sont blanches, interrompues sur le dos. Le ventre est d'un gris rougeâtre ou jaunâtre. Les antennes sont blanches.

Il varie autant que le *Dahlii* pour les ailes supérieures.

Il se trouve en Andalousie, où il remplace probablement notre *Euphorbiæ*. Il est aussi fort abondant aux Canaries. Suivant MM. Berthelot et Webber, qui ont exploré long-temps ces îles, et qui publient en ce moment un grand travail sur les productions de ce pays, il vit sur l'*euphorbia dendroides*.

Il diffère d'*Euphorbiæ* par ses épaulettes bordées de blanc des deux côtés, par la bande blanche des ailes supérieures qui est plus étroite, et par ses nervures blanchâtres.

Il se distingue de *Dahlii*, sur-tout par les côtés de son abdomen, qui ne sont marqués que de deux taches noires.

Il ne peut être confondu avec le *Zygophylli* par sa taille, par ses ailes supérieures marquées d'une bande blanche assez large, et divisées par des nervures de la même couleur.

8. DEILEPHILA ZYGOPHYLLI. Pl. 51, fig. 2.

Alis integris, anticis olivaceis vitta angusta, inæquali, sublineari, albida; posticis nigris fascia media margineque exteriori rubro-incarnatis.

Sphinx zygophylli. Ochs., *Schm. von Europ.*, III, p. 226, n° 5.
Boisd., *Ind. method.*, p. 33.
Hubn., Sphing., tab. 27, fig. 125.

Il est un peu plus petit qu'*Euphorbiæ,* et il se rapproche un peu de *Galii.* Ses ailes supérieures sont d'un vert-olivâtre un peu terne, avec une bande transverse comme dans *Galii.* Cette bande est très étroite, presque linéaire, amincie dans son milieu, sinuée et dentée sur son côté interne, d'un blanc un peu jaunâtre, et elle envoie vers l'extrémité de la cellule discoïdale un petit prolongement linéaire en arrière d'un petit point noir. L'extrémité postérieure est bordée par une bande d'un gris olivâtre.

Les ailes inférieures sont d'un rouge rose ou d'un rouge incarnat, avec deux bandes noires, dont l'antérieure assez large et occupant la base, et la postérieure parallèle au bord terminal qui est un peu plus pâle que le disque. L'espace qui sépare ces deux bandes est marqué sur le bord abdominal d'une tache blanche arrondie, coupée antérieurement par un peu de noir.

Le dessous des ailes est d'un gris jaunâtre, avec des atomes plus obscurs.

Le corselet est d'un vert olivâtre, avec les épaulettes bordées de blanc des deux côtés. L'abdomen est du même vert que le corselet, marqué de chaque côté de deux taches noires comme dans *Galii* et *Euphorbiæ.* Les anneaux suivants sont bordés de blanc sur les côtés dans les incisions. Le ventre est d'un gris jaunâtre.

Cette espéce se trouve dans la Russie méridionale, dans le voisinage de la mer Caspienne, sur le *zygophyllum fabago*. Elle n'existe dans aucune collection de la France. Notre figure et notre description sont faites d'après un individu mâle ap-partenant au Muséum royal de Berlin.

TROISIÈME TRIBU.

ZYGÉNIDES, *ZYGENIDES*.

Chenilles raccourcies, velues ou pubescentes, à tête rétractile sous le premier anneau. Chrysalides toujours enveloppées dans une coque. *Insecte parfait :* palpes cylindracés, barbus ou hérissés, le troisième article très distinct et quelquefois nu ; chaperon arrondi, écailleux ou velu, pourvu de deux stemmates distincts ; antennes tantôt renflées à l'extrémité en fuseau ou en corne de belier, tantôt en fuseau grêle, tantôt simples dans les femelles et bipectinées dans les mâles, quelquefois pectinées dans les deux sexes ; ailes supérieures en toit, étroites, alongées, les inférieures courtes et non plissées dans le repos ; trompe plus ou moins longue, roulée en spirale ; jambes munies de deux paires d'ergots ; vol diurne.

Cette tribu est fort nombreuse ; elle comprend tous les *Sphinges Adscitæ* des anciens auteurs, moins les *Sésiaires*.

Dans notre *Monographie des Zygénides*, publiée en 1828, nous l'avions restreinte aux espéces à antennes simples ou en fuseau dans les deux sexes, telles que *Zygæna*, *Syntomis*, etc. et nous avions créé pour celles à antennes pectinées, soit dans les mâles seulement, soit dans les deux sexes, la tribu des Procrides ; mais ayant eu occasion depuis cette publication d'examiner un plus grand nombre de chenilles exotiques, nous pensons que cette séparation ne peut avoir lieu, et que la pectination des antennes ne suffit pas pour autoriser cette disjonction.

GENRE ZYGÆNA. Fab., Lat., Ochs., God., Dalm., Boisd.

ANTHROCERA, Scopoli, Stephens; *SPHINX*, Esp.; *SPHINX ADSCITA*, Linn.

Chenille épaisse, raccourcie, pubescente, à marche lente, paresseuse. Chrysalide cylindrico-conique, obtuse, renfermée dans une coque ovoïde ou fusiforme, de la consistance du parchemin ou de la coquille d'œuf. *Insecte parfait :* palpes cylindrico-coniques, pointus, velus, s'élevant un peu au-delà du chaperon; antennes claviformes, jamais pectinées, renflées vers leur extrémité; trompe longue, roulée en spirale; yeux moyens, un peu saillants; deux ocelles ou stemmates au-dessus des yeux; ailes supérieures étroites, marquées de taches non vitrées.

Les Zygènes ont généralement les ailes supérieures d'un bleu plus ou moins brillant, marquées de taches symétriques, rouges, rarement blanches ou jaunes. Leurs ailes inférieures sont presque toujours rouges. Leur abdomen est alongé, cylindrique, ordinairement de la couleur des ailes supérieures, quelquefois entouré d'un anneau de la couleur des ailes inférieures. Ces insectes butinent pendant le jour sur les fleurs à l'ardeur du soleil; leur vol est lourd et peu soutenu. Sous leur premier état, ils vivent de plantes herbacées, particulièrement de légumineuses. Ils restent quinze jours ou trois semaines à l'état de nymphes. Les prairies élevées, les clairières des bois, les coteaux calcaires, etc., sont les lieux qu'ils recherchent de préférence.

Leur véritable patrie est l'Europe et l'Asie-Mineure. On en trouve aussi quelques unes sur la côte de Barbarie et au cap de Bonne-Espérance.

Ce genre est assez nombreux, et les espéces sont quelquefois très difficiles à caractériser; parceque, outre qu'elles ont entre elles les plus grands rapports, il se forme parfois, comme dans les *Coccinella,* des hybrides que l'on ne sait plus à quoi rapporter.

Pendant un certain temps, on répugnait à croire à l'existence de ces hybrides ; moi-même dans ma *Monographie des Zygénides* j'avais dit que je n'avais jamais vu éclore les œufs provenant de l'accouplement de deux espèces différentes. Depuis j'ai acquis la certitude qu'ils éclosaient très ouvent, et que les insectes parfaits qui en résultaient étaient tantôt semblables en tout à l'une ou à l'autre des espèces qui s'étaient accouplées, et tantôt intermédiaires entre les deux.

Plusieurs fois j'ai rencontré *Loniceræ* accouplée avec *Filipendulæ*, *Filipendulæ* avec *Hippocrepidis*, *Filipendulæ* avec *Peucedani.* M. Treitschke a souvent trouvé *Filipendulæ* accouplée avec *Ephialtes.* M. le capitaine de Villiers, de Chartres, a publié dans les *Annales de la Société entomologique de France*, 1832, p. 421, une notice sur l'accouplement de *Minos* et de *Filipendulæ.*

Il est assez remarquable que dans tous les cas que je viens de citer, l'accouplement ait toujours eu lieu avec *Filipendulæ.*

Observation. Dans ma *Monographie des Zygénides*, j'ai dit que ces Lépidoptères étaient exclusivement propres aux légumineuses herbacées, c'est une erreur que je m'empresse de rectifier. Parmi les espèces dont je ne connaissais pas la chenille à cette époque, il y en a plusieurs qui vivent sur le chardon-roland, *eryngium campestre*, et celle de la *Zygœna Corsica*, découverte par M. Rambur, se nourrit des feuilles d'une *santolina.*

1. ZYGÆNA ERYTHRUS. Pl. 52, fig. 1.

Alis anticis pallide miniaceis margine postico cyaneo, superjectis maculis tribus elongatis subconfluentibus rubris ; posticis miniaceis tenuiter nigro marginatis ; collari humerisque lutescentibus.

Boisd., *Ind. method.*, p. 35.
Monog. des Zyg., pl. 1, fig. 6, p. 28.
Ochs.? *Schmett. von Europ.*, II, p. 21, n° 1.

Elle est de la taille de la *Minos.* Ses ailes supérieures sont d'un rouge miniacé pâle, avec le bord postérieur d'un bleuâtre un peu transparent. Sur la partie rouge, on distingue plus ou moins facilement, trois taches alongées, d'un rouge plus vif, à-peu-près semblables à celles que l'on voit dans *Saportæ*, mais toujours plus ou moins confondues et confluentes.

Les ailes inférieures sont rouges, avec un liséré d'un bleu noirâtre.

Le dessous des quatre ailes ressemble au dessus, mais il est plus pâle.

Les épaulettes et le collier sont garnis de poils blanchâtres. Les pattes sont d'un gris jaunâtre.

La femelle est un peu plus grande que le mâle.

Elle se trouve en Italie, dans les Abruzzes, aux environs de Rome et de Naples.

Observation. Il est douteux que cette espéce soit la même que celle qui porte ce nom dans Ochsenheimer. Je crois qu'il l'aura confondue avec la suivante. Quant à l'*Erythrus* d'Hubner, c'est bien la même que notre *Saportæ,* et c'est à tort que nous avions cité sa figure dans notre *Monographie.*

2. ZYGÆNA SAPORTÆ.. Pl. 52 , fig. 2 et 3.

Alis anticis cyaneis, maculis tribus elongatis , dilatatis margineque interiori sanguineis, posteriore dolabriformi ; posticis rubris margine tenuissimo cyanescente.

Boisd., *Monog. des Zyg.*, Errata, p. 1.
Ind. meth., Suppl. , p. 2.
Cantener , *Catal. du Var,* p. 77.
Zygæna minos. Boisd. , *Monog. des Zyg.*, pl. 1 , fig. 7.
Sphinx erythrus. Hubn. , tab. 18 , fig. 87.

Elle est environ un tiers plus grande que *Minos*. Ses premières ailes sont bleuâtres, avec une légère transparence et trois taches longitudinales rouges disposées ainsi : la première part de la base et s'étend jusqu'au milieu ; la seconde, qui part aussi de la base, est plus étroite et longe la côte jusqu'au-delà du tiers de l'aile ; la troisième commence en pointe entre les deux précédentes, et s'étend, en se dilatant, jusque près de l'extrémité, où elle devient largement sécuriforme. Outre cela, le bord interne est rouge à partir de la base jusqu'au milieu de sa longueur. La frange est d'un jaune roussâtre.

Les ailes inférieures sont d'un beau rouge-vermillon de part et d'autre, avec un petit liséré bleuâtre.

Le dessous des ailes supérieures est beaucoup plus pâle que le dessus.

Les antennes, le corselet et l'abdomen sont noirs.

La femelle a quelquefois le fond de la couleur jaunâtre ou verdâtre à reflet jaune : chez elle le collier et les épaulettes sont blanchâtres.

Le bord interne de ses ailes supérieures est toujours plus largement rouge que dans le mâle.

Les pattes dans les deux sexes ont un reflet jaunâtre sur leur côté antérieur.

Elle se trouve en Provence, en Italie et en Sicile.

Voyez, pour la chenille, notre *Collection iconographique des Chenilles d'Europe.*

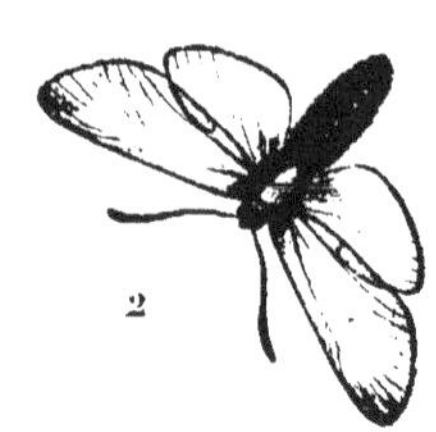

1. Zygæna Erythrus.   4. Zygæna Pluto.
2. ———— Saportæ *mâle*.   5. ———— Minos.
3. ———— Saportæ *femelle*.   6. ———— Brizæ.

P. Dumenil pinx. & dir.

Elle se distingue de *Minos* par sa taille plus grande, ses taches plus dilatées, et par le bord interne des premières ailes qui est rouge ; de la *Pluto*, par le bord interne de ses ailes rouges et la tache intermédiaire un peu plus largement sécuriforme ; et enfin de notre *Erythrus*, par sa taille plus grande, par ses taches moins alongées, toujours distinctes et séparées, et non entourées d'une auréole miniacée.

3. ZYGÆNA PLUTO. Pl. 52, fig. 4.

Alis anticis cyaneis, maculis tribus elongatis rubris, posteriore cuneato-subdolabriformi; posticis rubris margine nigro cyaneo.

Boisd., *Ind. meth.*, p. 35.
Monog. des Zyg., pl. 2, fig. 4, p. 31.
Ochs., *Schmett. von Europ.*, II, p. 26, n° 3.

Elle a beaucoup de rapport avec *Saportæ* et *Minos*, et on la prendrait facilement pour une variété de l'une ou de l'autre. Elle est à-peu-près de la taille de la première. Ses taches rouges sont plus étroites, et celle du milieu est souvent un peu moins sécuriforme et presque cunéiforme. Le bord interne des ailes supérieures est largement bleu comme dans la *Minos*. Elle diffère de cette dernière par ses taches beaucoup plus larges, et sur-tout par l'intermédiaire qui a une forme tout-à-fait différente.

Les ailes inférieures sont comme dans la *Saportæ*.

Elle se trouve en Hongrie, en Autriche et en Italie. M. le colonel Feisthamel a pris à Domo-Dosola et au Mont-Rose une grande quantité de *Zygæna*, parmi lesquelles se trouvent plusieurs individus que je crois appartenir à cette espèce; mais ils sont tellement intermédiaires entre elle, *Minos* et *Saportæ*, qu'à moins de les avoir élevés de la chenille, il est presque impossible de dire s'ils sont plutôt des variétés de l'une que de l'autre. Il se pourrait même que quelques uns ne fussent que des hybrides.

4. ZYGÆNA MINOS. Pl. 52, fig. 5.

Alis anticis cyaneis, maculis tribus sanguineis, elongatis, angustio-
ribus, subdilatatis, posteriore securiformi ; posticis rubris margine
tenuissimo cyaneo.

BOISD., *Ind. meth.*, p. 35.
OCHS., *Schmett. von Europ.*, II, p. 22, n° 2.
Zygœna scabiosœ. FAB., *Ent. Syst.*, III, p. 38.
Sphinx minos. HUBN., Sphing., tab. 11, fig. 8.
WIEN. VERZ., S. 45, Fam. G, n° 1.
Sphinx pilosellœ. ESP., *Schmett.*, II th., tab. 24, Suppl. VI,
    fig. 2, *a*, *b*.
Sphinx de la piloselle. ERNST, Papillons d'Europe, pl. 95,
    fig. 133., *a*, *d*.

Elle est de la taille de *Filipendulœ*. Ses premières ailes
sont bleuâtres, avec une légère transparence et trois taches
rouges longitudinales, disposées comme dans *Saportœ* et autres espéces voisines, mais plus grêles. Celle qui est au-dessous de la nervure médiane est souvent un peu rétrécie dans
son milieu, et comme étranglée ; la postérieure est en forme
de hache ; sa partie antérieure se prolonge beaucoup moins
vers l'angle apical, et elle descend plus bas que dans les espéces précédentes. Cette tache a quelque ressemblance avec
l'extrémité supérieure d'un fémur. Le bord interne est bleuâtre jusqu'à la nervure radiale.

Les ailes inférieures sont d'un rouge rose de part et d'autre,
avec un petit liséré d'un bleu noirâtre.

Le dessous des premières ailes est beaucoup plus pâle que
le dessus.

Les antennes, le corselet et l'abdomen sont noirs tant en
dessus qu'en dessous.

La femelle est souvent d'un bleu un peu verdâtre.

Elle se trouve au mois de juillet dans plusieurs contrées de
la France, de la Suisse, de l'Allemagne et de l'Autriche. Elle
est assez commune à Fontainebleau.

5. ZYGÆNA BRIZÆ. Pl. 52, fig. 6.

Alis anticis subdiaphanis, cyanescentibus, maculis tribus oblongis,
parallelis, coadunatis, rubris; posticis rubris antennis; clavatis.

Boisd., *Ind. meth.*, p. 46.
Monog. des Zyg., pl. 2, fig. 3, p. 35.
Ochs., *Schmett. von Eur.*, II, p. 27, n° 4.
Sphinx brizæ. Hubn., Sphing., tab. 18, fig. 85.
Variété. *Zygæna lathyri.* Boisd., *Monog.*, pl. 2, fig. 1.

Elle est un peu plus petite que *Scabiosæ*. Ses ailes supérieures sont transparentes, d'un bleu noirâtre, avec trois taches
rouges longitudinales, ordinairement nettement bien séparées
par la bifurcation de la nervure médiane. Celle qui est au-
dessous de cette nervure est la plus longue ; elle s'étend en
conservant sa largeur, depuis la base jusqu'aux deux tiers de
l'aile ; la seconde, ou celle qui longe la côte, est très étroite ;
elle commence aussi à la base, et atteint à peine la moitié de
la longueur de l'aile ; la troisième, qui est la plus courte, est
cunéiforme, commence en pointe dans la bifurcation de la
nervure médiane, et se prolonge un peu au-delà de la cellule
discoïdale.

Les ailes inférieures sont rouges de part et d'autre, avec
une bordure bleuâtre très étroite vers le bord abdominal et
élargie vers l'angle externe.

Le dessous des ailes supérieures est un peu plus pâle que
le dessus.

Les antennes sont d'un bleu noir, en massue bien pronona-
cée. Le corselet est de la même couleur, ainsi que l'abdomen.
Les pattes sont noirâtres à reflet roussâtre.

La femelle ne diffère pas sensiblement du mâle.

Elle se trouve en juillet et août en Autriche, en Hongrie,
en Italie et en Dalmatie.

Les individus de cette dernière localité ont la tache postérieure un peu plus large et un peu plus sécuriforme ; mais ils
offrent tous les passages avec ceux de la Hongrie, et c'est
à tort que j'en avais fait une espèce.

6. ZYGÆNA SCABIOSÆ. Pl. 53, fig. 1 et 2.

Alis anticis subdiaphanis, cyaneis, vel nigrescentibus, maculis tribus elongatis (interdum interruptis) angustioribus rubris; posticis rubris margine nigrescente; antennis subfiliformibus vix clavatis.

BOISD., *Ind. meth.*, p. 35.
Monog. des Zyg., pl. 2, fig. 6.
OCHS., *Schmett. von Europ.*, II, p. 28, n° 5.
FAB., *Ent. Syst.*, III, 1, 386, 2. — SCHÆFF.
Sphinx scabiosæ. HUBN., Sphing., tab. 18, fig. 86.
ESP. *Schmett.*, II th., tab. 24, Suppl. VI, fig. 3, *a*, *b*.
Zygæna pythia. Ross., *Faun. étr.*, II, p. 166, n° 1067.
Sphinx de la scabieuse. ERNST, Papillons d'Europe, pl. 96,
   fig. 134, *a*, *d*.

Elle est un peu plus petite que *Filipendulæ*. Ses ailes sont un peu plus arrondies, d'un bleu pâle ou d'une teinte noirâtre, avec une légère transparence et trois taches longitudinales rouges dilatées extérieurement. Celle qui est sous la nervure médiane est rétrécie ou étranglée dans son milieu, et commence à la base pour se continuer jusqu'aux deux tiers de l'aile; celle qui longe la côte est longitudinale et assez courte; la postérieure naît dans la bifurcation de la nervure médiane, et se termine au-delà de la cellule discoïdale par une extrémité plus ou moins arrondie. Ces taches ne sont pas toujours telles que nous venons de les décrire. Souvent la plus inférieure, au lieu d'être étranglée ou rétrécie dans son milieu, est complétement interrompue et séparée en deux taches par un espace plus ou moins grand; plus souvent encore la tache médiane est interrompue et composée de deux taches ovales, dont une beaucoup plus petite placée dans la bifurcation de la nervure médiane, et l'autre beaucoup plus grande à l'extrémité de la cellule discoïdale.

Les ailes inférieures sont rouges de part et d'autre, avec une bordure noirâtre médiocrement large, un peu dilatée vers l'angle externe.

6.

Le dessous des ailes supérieures est un peu plus pâle que le dessus.

Le corselet est noir à reflet bleu. L'abdomen et les antennes sont de la même couleur; celles-ci sont longues, terminées insensiblement en massue et beaucoup plus grêles que dans aucune autre espéce.

Elle se trouve en juillet et août en Hongrie, en Autriche, dans les Alpes du Dauphiné et de la Provence, dans les Pyrénées, en Italie et en Sicile.

M. Anderegg m'a communiqué un petit individu de la taille de *Meliloti,* pris en Italie, qui diffère de la variété à taches interrompues, en ce que la dernière tache est double et géminée comme dans *Hippocrepidis,* de manière que les ailes supérieures offrent six taches réunies deux à deux.

Voyez, pour la chenille, notre *Iconographie des Chenilles d'Europe.*

7. ZYGÆNA DALMATINA. Pl. 54, fig. 2.

Alis anticis subdiaphanis, cyaneis, maculis duabus elongatis, puncto costali maculaque postica ovata rubris; posticis rubris margine cyaneo; antennis vix clavatis.

Lorsque j'ai fait figurer cette Zygène je croyais qu'elle formait une espéce distincte; mais ayant eu occasion depuis quelque temps d'examiner beaucoup d'individus de *Scabiosæ* pris en Italie et dans les Alpes, j'ai trouvé parmi ces dernières plusieurs individus à-peu-près semblables à la *Dalmatina* : de sorte que maintenant je crois que l'on doit la considérer comme une variété accidentelle, d'autant plus que les antennes n'offrent pas de différence.

Elle diffère de la *Scabiosæ* ordinaire par ses ailes supérieures d'un bleu plus violet, et sur-tout par la petite tache rouge qui est notablement plus rejetée vers la côte; par ses ailes inférieures plus largement bordées de bleu.

Les antennes, le corselet et l'abdomen ne présentent point de différences appréciables.

Elle a été trouvée en Dalmatie, aux environs de Raguse.

Observation. Les individus pris en Italie avec des *Scabiosæ*, et que je regarde comme des variétés, sont un peu plus grands que celui que j'ai fait figurer.

8. ZYGÆNA PUNCTUM. Pl. 53, fig. 3.

Alis anticis cyaneis aut virescentibus, maculis duabus elongatis, puncto minuto discoidali, macula postica securiformi, rubris ; posticis rubris margine cyaneo.

> Boisd., *Ind. meth.*, p. 35.
> *Monog. des Zyg.*, pl. 2, fig. 2, p. 33.
> Ochs., *Schmett. von Europ.*, II, p. 36, n° 7.
> *Sphinx punctum.* Hubn., Sphing., tab. 26, fig. 119.

Elle est un peu plus petite qu'*Achilleæ*. Ses premières ailes sont d'un bleu un peu transparent, quelquefois verdâtres ou grisâtres, avec quatre taches rouges disposées ainsi : deux oblongues et divergentes, partant de la base comme dans la *Minos;* une autre, plus ou moins petite et ponctiforme, placée sur le disque, dans la bifurcation de la nervure médiane; une quatrième, sécuriforme, vers l'extrémité. La frange est roussâtre. Les secondes ailes sont d'un rouge carmin, plus ou moins vif de part et d'autre, avec un liséré bleuâtre, ainsi que la frange.

Le dessous des ailes supérieures est plus pâle que le dessus; les taches y sont un tant soit peu plus confondues, et le point central caractéristique ne s'y distingue que difficilement.

La tête et le corselet sont garnis de poils d'un gris blanchâtre. Les antennes sont d'un noir bleu, avec la massue très prononcée. L'abdomen est noirâtre.

La femelle est plus ordinairement jaunâtre ou grisâtre que le mâle.

Elle se trouve en Hongrie, en Italie, en Sicile, et dans le midi de la France.

Cette espèce ne varie guère que par la couleur du fond.

Voyez, pour la chenille, notre *Iconographie des Chenilles d'Europe.*

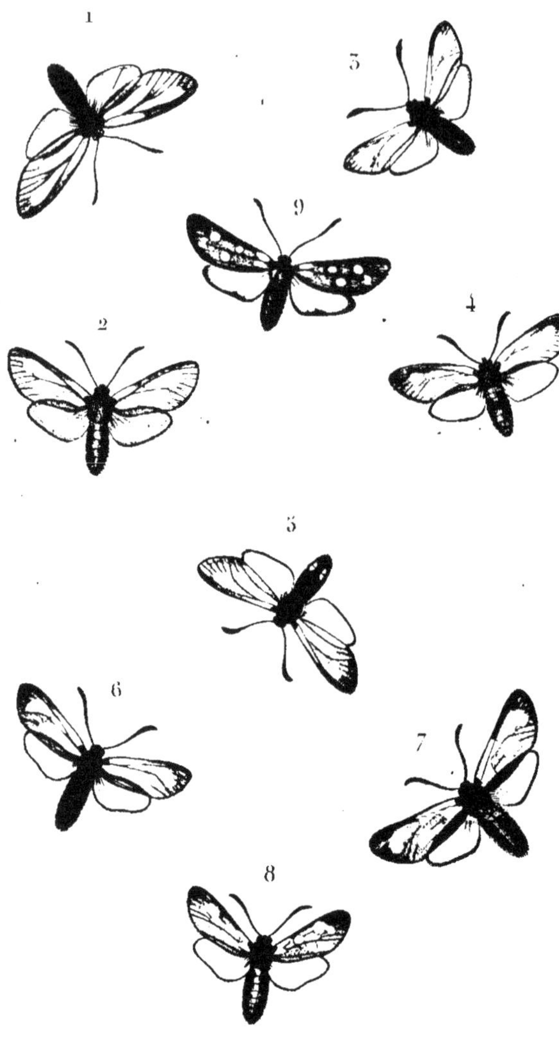

1. Zygæna Scabiosæ.   6. Zygæna Achilleæ.
2. ———— Scabiosæ *Var*.   7. ———— Achilleæ *Var*.
3. ———— Punctum.   8. ———— Janthina
4. ———— Contaminei *mâle*.   9. ———— Angelicæ
5. ———— Contaminei *femelle*.

P. Dumenil pinx. & dir.

9. ZYGÆNA BALEARICA. pl. 54, fig. 1.

Alis anticis subdiaphanis, cyaneis, maculis duabus elongatis, puncto discoidali, macula postica ovato-securiformi, margine interno basi abdominisque cingulo rubris ; posticis rubris fimbria cyanea.

Boisd., *Ind. meth.*, p. 35.
Monog. des Zyg., pl. 2, fig. 5, p. 39. ·

Elle ressemble beaucoup à *Sarpedon*, et sur-tout à *Punctum*. Ses premières ailes sont d'un bleu un peu transparent, avec les mémes taches que dans *Punctum ;* mais elles ont en outre la base du bord interne rouge et la tache de l'extrémité un peu moins sécuriforme.

Les ailes inférieures sont rouges, avec le liséré bleu encore plus étroit que dans *Punctum*.

Le dessous des ailes supérieures est à-peu-près comme dans *Punctum*.

Le corselet et la tête sont garnis de quelques poils grisâtres.

L'abdomen est d'un noir bleu, avec un anneau rouge bien marqué.

Les antennes sont à-peu-près comme dans *Punctum* et *Sarpedon*.

Elle se trouve dans les îles Baléares et dans le midi de l'Espagne. L'individu que nous avons fait figurer nous a été communiqué par M. Pierret, qui l'avait reçu de Cadix.

La figure que nous en avons donnée dans notre *Monographie* est mauvaise et inexacte ; la bordure des ailes a été trop largement gravée et le point discoïdal n'a pas été indiqué.

10. ZYGÆNA CONTAMINEI. Pl. 53, fig. 4 et 5.

Alis anticis subdiaphanis, cyanescentibus, macula elongata interna, altera costali abbreviata, puncto discoidali minutissimo maculaque postica, rotundata, rubris ; posticis rubris fimbria cyanea.

Elle a beaucoup de rapport avec *Sarpedon* pour la taille et pour le dessin. Ses ailes supérieures sont un peu plus larges, plus arrondies, bleuâtres, avec une légère transparence. Elles ont à la base deux taches rouges longitudinales, dont l'antérieure est très courte, et dont celle qui est au-dessous de la nervure médiane est alongée comme dans *Scabiosæ*, rétrécie, et plus ou moins étranglée dans son milieu. Dans la bifurcation de la nervure médiane, elles ont en outre un petit point central rouge, comme *Sarpedon* et *Punctum*, et à l'extrémité de la cellule discoïdale une tache arrondie assez grande. Le bord interne est entièrement bleu jusqu'à la base. La frange a un reflet jaunâtre.

Les ailes inférieures sont d'un rouge rose de part et d'autre, avec la frange d'un noir bleuâtre.

Le dessous des ailes supérieures est plus pâle que le dessus, avec les taches moins nettes.

Le corselet et la tête sont garnis de poils noirâtres, à reflet grisâtre. L'abdomen est noir. Les antennes sont comme dans *Punctum*.

La femelle est un peu plus terne que le mâle, et on aperçoit souvent sur son abdomen le commencement d'un anneau rouge.

Elle a été trouvée dans les Pyrénées, aux environs de Baréges, par M. Contamine, capitaine au régiment de lanciers de Nemours, et entomologiste plein de zéle.

Voyez la description de la chenille dans notre *Iconographie des Chenilles d'Europe.*

11. ZYGÆNA ACHILLEÆ. Pl. 53, fig. 6 et 7.

Alis anticis subdiaphanis, cyaneo-virescentibus vel lutescentibus, ma-
culis quinque rubris, solitaria majori, securiformi; posticis rubris
margine tenui cyaneo.

Boisd., *Ind. meth.*, p. 35.
Monog. des Zyg., pl. 3, fig. 1 et 2, p. 42.
Ochs., *Schmett. von Europ.*, II, p. 30, n° 6.
Zygæna loti. Fab., *Ent. Syst.*, III, 1, 387, 3.
Sphinx viciæ? Hubn., Sphing., tab. 2, fig. 11. — *Sphinx bel-*
lidis, fig. 10. — *Sphinx triptolemus*, tab. 20, fig. 96.
Sphinx achilleæ. Esp., *Schmett.*, II th., tab. 25, Suppl. VII,
fig. 1, *a - b.*
Sphinx de l'achillière. Ernst, Papillons d'Europe, pl. 99,
fig. 141, *a-d.*

Elle est à-peu-près de la taille de *Filipendulæ*. Ses ailes sont
un peu plus arrondies au sommet, d'un bleu moins foncé
et moins luisant, avec cinq taches rouges disposées ainsi :
deux à la base, deux au milieu, et une beaucoup plus grande,
solitaire et sécuriforme, vers l'extrémité.

Les ailes inférieures sont rouges de part et d'autre, avec
un liséré d'un bleu foncé, un peu plus grêle vers l'angle anal.

Le dessous des premières ailes est d'un bleu très pâle, et
les taches y sont légèrement confluentes.

La frange des ailes supérieures est roussâtre ; celle des inférieures constitue en grande partie le liséré bleu.

Le corselet est bleu, avec le collier et les épaulettes garnis
de poils blancs. Les antennes sont d'un bleu noir, ainsi que
l'abdomen. Les pattes sont d'un jaune blanchâtre ou roussâtre, sur-tout antérieurement.

La femelle offre le même dessin, mais le fond de sa couleur est souvent d'un bleu grisâtre ou jaunâtre.

On trouve très souvent des variétés chez lesquelles la tache
inférieure de la base est réunie avec l'inférieure du milieu de
l'aile. On en voit aussi quelquefois d'autres, qui ont en même

temps les deux taches costales réunies, de manière que ces individus ont deux taches longitudinales comme *Minos*. Il y a aussi des individus des deux sexes qui ont seulement les deux taches costales réunies. Dans presque tous les cas où la réunion a lieu, il existe dans la bifurcation de la nervure médiane une petite tache comme dans *Punctum*, mais plus grande et plus alongée.

L'individu figuré par Hubner sous le nom de *Viciæ* a la tache sécuriforme un peu plus petite, et il se rapproche de l'espéce suivante. Je crois cependant qu'on doit le regarder comme une simple variété.

Cette *Zygæna* se trouve au mois de mai dans les lieux calcaires, en France, en Allemagne et en Suisse, mais moins communément qu'*Hippocrepidis*.

Dans le midi de la France nous l'avons trouvée en juillet, ce qui pourrait faire supposer qu'elle paraîtrait deux fois par an.

Voyez, pour la chenille, notre *Iconographie des Chenilles d'Europe*.

12. ZYGÆNA JANTHINA. Pl. 53, fig. 8.

*Alis anticis subdiaphanis, cyaneis, maculis quinque rubris posteriore
strangulata quasi e maculis duabus inæqualibus conflata ; posticis
rubris margine tenui cyaneo.*

> Boisd., *Index meth.*, p. 35.
> *Monog. des Zyg.*, pl. 8, fig. 7.
> *Viciæ ?* Hubn., Sphing., tab. 20, fig. 11.

Elle est de la taille de *Rhadamanthus*, et elle se rapproche un peu de la *Viciæ* d'Hubner. Ses ailes supérieures sont
d'un bleu-bronzé peu brillant, avec une légère bordure d'un
bleu foncé à l'extrémité, et cinq taches rouges disposées
ainsi : deux oblongues à la base ; deux petites, orbiculaires,
égales, au milieu, et une à l'extrémité. Cette dernière offre
un petit trait oblique et postérieur qui, dans quelques individus, paraît formé par une petite tache accolée à la tache
principale.

Les secondes ailes sont d'un rouge-carmin pâle de part et
d'autre, avec un liséré d'un bleu foncé.

Le dessous des ailes supérieures est d'un bleu-pâle luisant,
lavé de rouge sur le milieu, ce qui fait paraître les taches un
peu confluentes. Leur frange est d'un jaune-roussâtre luisant.

Le corselet est bleu, mélangé de quelques poils blanchâtres. L'abdomen, la tête et les antennes sont d'un bleu-noir
foncé. Les pattes sont jaunâtres, luisantes antérieurement, et
d'un jaune noirâtre postérieurement.

Elle se trouve dans les Alpes de la Provence et aux environs de Montpellier. Je n'ai jamais vu d'*Achilleæ* recueillies
dans cette dernière localité, et je pense qu'elles ne s'y trouvent pas.

13. ZYGÆNA CYNARÆ. Pl. 54, fig. 3.

*Alis anticis apice subrotundatis, subdiaphanis, obsolete cœrulescenti-
bus vel luteo-virescentibus, maculis quinque rubris (sœpe media ba-
salique internis, coadunatis); posticis rubris, margine nigrescente ;
abdominis cingulo rubro.*

> Boisd., *Ind. meth.*, p. 36.
> *Monog. des Zyg.*, pl. 3, fig. 4, p. 49.
> Ochs., *Schmett. von Europ.*, II, p. 42, n° 10
> *Sphinx cynarœ.* Hubn., Sphing., tab. 17, fig. 80.
> Esp., *Schm.*, II th., tab. 37, p. 42, 10. — *Sphinx Millefolii,*
> tab. 43, cont. 18, fig. 1 et 2.

Elle a le port et la taille d'*Exulans*. Ses premières ailes sont
arrondies à l'extrémité, assez transparentes, d'un bleuâtre
pâle ou un peu verdâtre, avec cinq taches rouges disposées
ainsi : deux à la base, oblongues et égales ; deux inégales au
milieu, et une arrondie ou ovale, solitaire, vers le bout de
l'aile, tantôt plus grande et tantôt plus petite que les deux
autres. Très souvent les deux taches les plus rapprochées du
bord interne sont réunies, et forment une tache longitudinale
étranglée et rétrécie dans son milieu.

Les ailes inférieures sont d'un rouge-carmin tendre de part
et d'autre, avec une bordure du même ton que les ailes supérieures, très étroite vers l'angle anal et un peu élargie près
de l'angle externe.

Le dessous des ailes supérieures est bleuâtre, luisant, avec
les mêmes taches qu'en dessus; mais les deux du milieu tendent à se réunir avec celles de la base. La frange est un peu
jaunâtre.

Le corselet et les antennes sont d'un bleu foncé. Le corps
est d'un noir bleu, avec un anneau rouge passablement large,
qui quelquefois n'existe qu'en dessus.

Les pattes sont jaunâtres, principalement à leur partie antérieure.

La femelle est ordinairement d'un bleu un peu plus verdâtre; ses ailes inférieures ont la bordure un peu plus étroite,
et son anneau rouge est un peu plus large.

Elle se trouve en Autriche, en Hongrie et en Italie; je ne
crois pas qu'elle ait encore été prise en France.

Voyez, pour la chenille, notre *Iconographie des Chenilles
d'Europe*.

14. ZYGÆNA EXULANS. Pl. 54, fig. 4 et 5.

*Alis anticis subdiaphanis, cyanescentibus, interdum venis albidis nota-
tis, maculis quinque inæqualibus rubris ; posticis rubris margine
grisescente-cyaneo ; pedibus lutcis.*

> Boisd., *Ind. method.*, p. 35.
> *Monog. des Zyg.*, pl. 3, fig. 3, p. 47.
> Ochs., *Schmett. von Europ.*, t. II, p. 40, n° 9.
> Dalman, *Mém. de l'Acad. de Stockholm*, 1816, p. 222, n° 5.
> *Sphinx exulans.* Hubn., Sphing., tab. 20, fig. 101, et
> tab. 2, fig. 12.
> Var. *Zygæna vanadis.* Dalman, *loc. cit.*, n° 6.

Elle est de la taille d'*Onobrychis*. Ses premières ailes sont
un peu transparentes, bleuâtres ou d'un gris-verdâtre luisant, avec les nervures et le bord interne souvent blanchâtres, sur-tout dans les mâles, et la frange d'un blanc jaunâtre
dans les deux sexes. Elles sont marquées de cinq taches
rouges disposées ainsi : deux oblongues à la base, deux inégales vers le milieu, et une solitaire vers l'extrémité. Dans
quelques individus ces taches sont un peu lavées de blanc ou
de jaunâtre sur le bord.

Les ailes inférieures sont d'un rouge-carmin pâle de part
et d'autre, avec une bordure du même ton que les ailes supérieures, ordinairement assez étroite près de l'angle anal, et
élargie insensiblement vers l'angle externe.

Le dessous des ailes supérieures est d'un gris bleuâtre ou
jaunâtre, avec les taches plus pâles qu'en dessus.

Dans les individus veinés de blanc, le corselet et les épaulettes sont blanchâtres, et d'un bleu noirâtre dans ceux où les
premières ailes sont bleues. Dans les uns et les autres, le collier est d'un blanc grisâtre.

Les antennes sont noires. Les pattes sont jaunâtres et le
corps est noirâtre, beaucoup plus velu que dans aucune autre
espéce.

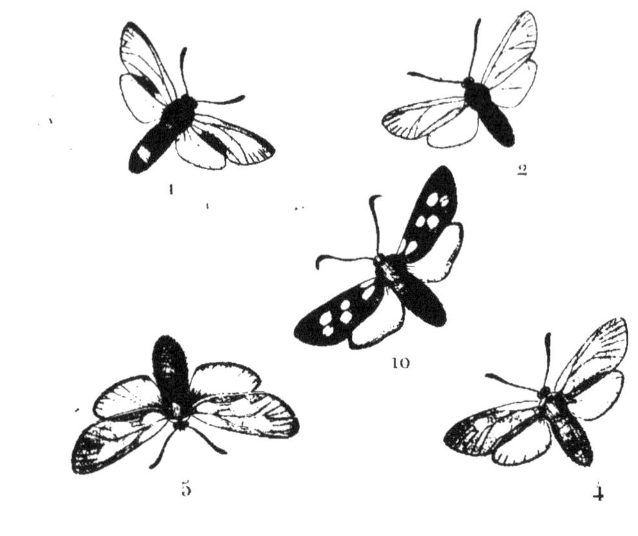

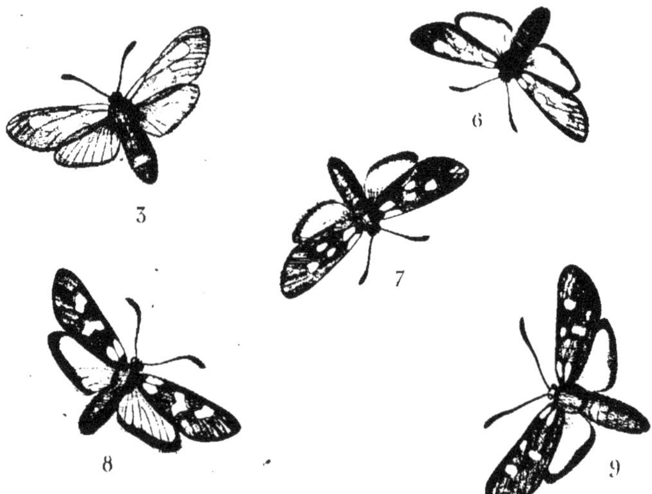

1. Zygæna Balearica	6. Zygæna Meliloti.
2. ———— Dalmatina	7. ———— Dahurica.
3. ———— Cynaræ.	8. ———— Trifolii.
4. ———— Exulans *mâle*.	9. ———— Charon.
5. ———— Exulans *femelle*.	10. ———— Transalpina *Var.*

P. Dumenil pinx. & dir.

Elle se trouve à la fin de juillet et au commencement d'août dans les Hautes-Pyrénées, les Alpes de France, de la Savoie, de la Suisse, du Tyrol et de la Laponie.

J'ai reçu de M. Schœnherr plusieurs individus de la *Zygæna Vanadis* de Dalman pris en Laponie, et il est impossible de les considérer comme formant une espéce. Ils ne diffèrent d'*Exulans* que par le collier, qui est presque effacé ou tout-à-fait nul, et par les pattes, qui sont noirâtres. Pour le reste ils sont conformes en tout à notre description.

Observation. Dans son *Voyage au Caucase*, p. 259, M. Ménétriés décrit sous le nom de *Zygæna Bitorquata* une espéce qui paraît être voisine d'*Exulans;* mais comme je ne l'ai pas vue, je cite ici seulement la phrase diagnostique donnée par cet entomologiste, pour la signaler aux naturalistes qui seront à même d'explorer les montagnes de la Russie méridionale.

Alis anticis flavo-pulverulentis, apice margineque nigro-chalybeis, maculis quinque sub-orbiculatis rubro-aurantiis (tribus ad basin sæpe confluentibus); alis posticis rubris margine chalybeo; abdomine splendide viridi; collari duplice, humeris pebidusque flavis.

Elle se trouve au Caucase, à six mille pieds d'élévation.

15. ZYGÆNA MELILOTI. Pl. 54, fig. 6.

Alis anticis angustioribus, subdiaphanis, nitidis grisescenti-cyaneis, maculis quinque rubris; posticis rubris margine tenui nigro-virescenti.

Boisd., *Ind. meth.*, p. 36.— *Monog. des Zyg.*, pl. 3, fig. 5, p. 51.
Ochs., *Schmett. von Europ.*, II, p. 43.
Dalman, *Mém. de l'Acad. de Stockholm*, 1816, p. 222.
Sphinx meliloti. Esp., tab. 39, cont. 14, 1-8; fortf. S. 10.
Sphinx loti. Hubn., Sphing., tab. 17, fig. 82.
Sphinx viciæ. Borkh., *Rhein Mag.*, I, B. S. 638, n° 15.

Elle est un peu plus petite qu'*Achilleæ*. Ses premières ailes sont plus étroites, un peu lancéolées, légèrement transparentes, d'un vert-bleuâtre luisant, avec cinq taches rouges disposées comme dans la *Loniceræ*, mais plus petites.

Les secondes ailes sont d'un rose rouge de part et d'autre, avec la bordure d'un bleuâtre tirant sur le vert, étroite, un peu élargie sur l'angle externe.

Le dessous des ailes supérieures est d'un bleu-grisâtre pâle, avec les taches aussi distinctes qu'en dessus. La frange est un peu jaunâtre.

Les antennes, la trompe et le corselet sont d'un noir bleu. Le corps est d'un bleu-verdâtre luisant.

La femelle ressemble au mâle pour le dessin, seulement le fond de sa couleur est quelquefois plus grisâtre.

On trouve quelquefois une variété dans laquelle les deux taches les plus rapprochées du bord interne sont réunies et forment une tache longitudinale. J'en ai vu une autre où toutes les taches étaient confluentes et constituaient une bande longitudinale sinuée irrégulière.

Elle se trouve en juillet dans l'est de la France, dans plusieurs parties de l'Allemagne, en Autriche, en Russie et en Suède.

M. Escher Zollikofer, de Zurich, m'a envoyé sous le nom de *Buglossi* des individus qui ne diffèrent pas de *Meliloti*.

Voyez, pour la chenille, notre *Iconographie des Chenilles d'Europe.*

16. ZYGÆNA DAHURICA. Pl. 54, fig. 7.

Alis anticis subelongatis, apice subrotundatis, cyaneis vel virescenti-subcinerascentibus, maculis quinque rubris; posticis rubris margine cyaneo.

Elle se rapproche de *Meliloti*, et il serait possible qu'elle n'en fût qu'une modification locale; mais dans ce genre les espéces sont si voisines l'une de l'autre que, lorsque l'on ne connaît pas la chenille, il est parfois très difficile de décider si tel individu est une variété ou une espéce propre.

Elle est un quart plus grande que *Meliloti*. Ses ailes supérieures sont notablement plus arrondies à l'extrémité, avec cinq taches rouges disposées à-peu-près de même. La couleur du fond est moins transparente, avec la frange d'un bleu noir.

Les ailes inférieures sont rouges ou d'un rouge un peu rose, avec une bordure noirâtre plus large que dans *Meliloti*.

Le corselet et l'abdomen sont d'un bleu noir. Les antennes sont noirâtres, plus fortement en massue que dans *Meliloti*.

Elle se trouve en Daourie dans la Sibérie orientale.

8

17. ZYGÆNA CORSICA. Pl. 55, fig. 9.

Alis anticis cyaneis, albicantibus, vel albidis marginibus cyaneis, ma-
culis quinque rubris ; posticis rubris margine tenui cyaneo ; hume-
ris annulorumque margine albidis.

> BOISD., *Ind. method.*, p. 36.
> *Monog. des Zyg.*, pl. 5, fig. 2, p. 81.
> RAMBUR, *Lépid. de Corse, in Annal. de la Sociét. ent.*, 1832,
>   pl. 7, fig. 5 et 6, p. 267.

Elle est un peu plus petite que *Meliloti*. Ses ailes supérieures sont d'un bleu un peu violâtre, fortement lavées de blanc jaunâtre, ou blanchâtres avec le bord de l'extrémité et de la côte bleus. Elles sont marquées de cinq taches rouges disposées comme dans *Meliloti*, mais d'une couleur plus vive.

Les ailes inférieures sont d'un beau rouge carmin, avec un liséré bleu formé en grande partie par la frange.

Le dessous des ailes est bleuâtre ou bleu, avec les taches confluentes.

Le corselet est d'un bleu noir, avec les épaulettes blanchâtres. L'abdomen est d'un bleu plus ou moins foncé, avec le bord postérieur des anneaux blanchâtre en dessous et sur les côtés. Le collier est blanchâtre. Les antennes sont fortement en massue et d'un bleu obscur. Les pattes sont plus ou moins blanchâtres.

La femelle diffère du mâle, en ce que la couleur du fond des ailes supérieures est plus largement blanchâtre, et en ce que la couleur blanchâtre qui borde les anneaux s'étend chez elle sur une grande partie du dernier et sur le bord dorsal des deux précédents.

Elle se trouve en Corse.

Voyez, pour la chenille, notre *Iconographie des Chenilles d'Europe*.

Nota. La figure et la description que nous avons données de cette espèce dans notre *Monographie*, ayant été faites sur des individus en mauvais état, sont inexactes et incomplètes.

1. Zygæna Hilaris.	6. Zygæna Ephialtes *Var.*
2. ———— Læta.	7. ———— Anthyllidis.
3. ———— Oxytropis.	8. ———— Dorycnii.
4. ———— Stæchadis.	9. ———— Corsica.
5. ———— Ephialtes.	10. ———— Medicaginis.

P. Dumenil pinx et lit.

18. ZYGÆNA TRIFOLII. Pl. 54, fig. 8.

Alis anticis subrotundatis, cyaneis, maculis quinque rubris (duabus mediis connatis); posticis rubris margine latiori cyaneo.

Boisd., *Ind. method.*, p. 36.
Monog. des Zyg., pl. 3, fig. 7.
Ochs., *Schmett. von Europ.*, II, p. 47.
Sphinx trifolii. Esp., *Schmett.*, II th., tab. 34, cont. 9, fig. 45.
Hubn., Sphing., tab. 17, fig. 79, et tab. 29, fig. 134, 135.—
   Borkh., Devill.?
Sphinx orobi. Hubn., Sphing., tab. 133.
Sphinx pratorum. Devill.? *Ent. Linn.*, II, p. 113, n° 54.
Sphinx des prés. Ernst, Pap. d'Europe, pl. 97, fig. 136, *a-e*.

Elle est un quart plus petite que *Loniceræ,* avec laquelle elle a les plus grands rapports. Ses ailes supérieures sont moins lancéolées et plus arrondies à l'extrémité, avec cinq taches rouges disposées ainsi, et aussi distinctes en dessous qu'en dessus : deux un peu oblongues à la base, séparées seulement par la nervure médiane; deux inégales au milieu presque toujours réunies, dont la plus petite est près de la côte, et une solitaire vers le bout de l'aile. Dans quelques individus, mais très rarement, il existe vis-à-vis de cette dernière un très petit point rouge.

Les ailes inférieures sont d'un rouge carmin de part et d'autre, avec une bordure bleue, large, sinuée, couvrant quelquefois tout le tiers postérieur de l'aile.

Le dessous des ailes supérieures est d'un bleu violet, avec les taches un peu plus pâles. La frange est d'un bleu violet.

Les antennes, le corselet et la tête sont d'un bleu noir; le corps est de la même couleur, avec un reflet un peu verdâtre. Les pattes sont noires.

La femelle ne diffère pas du mâle.

Cette espèce varie pour la largeur de la bande des ailes inférieures, qui, dans quelques individus, n'est guère plus

8.

prononcée que dans *Lonicerœ*, tandis que dans d'autres elle couvre presque la moitié des ailes.

On voit quelquefois une variété chez laquelle toutes les taches sont réunies en une bande longitudinale irrégulière.

Elle se trouve en juillet dans le centre et dans le midi de l'Europe.

Voyez la description de la chenille dans notre *Iconographie des Chenilles d'Europe*.

Observation. On distingue cette espéce de *Lonicerœ* par sa taille plus petite, par ses ailes supérieures plus arrondies, ayant les deux taches du milieu réunies, et par la bordure de ses ailes inférieures plus large. Cependant il y a des cas où elles semblent tellement se confondre, qu'il est presque impossible, si on ne les a pas élevées de chenilles, de dire si tel individu appartient plutôt à l'une qu'à l'autre. Il est possible aussi que ces deux espéces dans certaines circonstances s'accouplent ensemble, et qu'il en résulte des hybrides. Quelques auteurs ont peut-être pris pour *Trifolii* des variétés de *Lonicerœ*, et *vice versa*; c'est pourquoi nous citons avec un point de doute dans notre synonymie le *Sphinx Pratorum* de Devillers, et nous nous sommes abstenus de citer Dalman, parcequ'il nous semble que cette espéce ne se trouve pas en Suéde, et qu'il aura pris pour elle une variété de *Lonicerœ*.

19. ZYGÆNA CHARON. Pl. 54, fig. 9.

Alis anticis saturate cyaneis vel virescentibus, maculis quinque minutis sanguineis ; posticis rubris margine latiori cyaneo.

BOISD., *Ind. method.*, p. 36.

Monog. des Zyg., p. 65, pl. 4 (fig. 5, sous le nom de *Medicaginis*).

Elle est un peu plus grande que *Filipendulæ*. Ses ailes supérieures sont plus lancéolées et d'un bleu foncé luisant, presque aussi intense que dans *Lavandulæ*, avec cinq taches d'un rouge très vif, assez petites, disposées ainsi : deux oblongues à la base et bien séparées ; deux au milieu dont la supérieure très petite, et une solitaire et ordinairement un peu plus grande, à l'extrémité.

Les ailes inférieures sont d'un rouge-carmin foncé, avec une bordure d'un bleu noir, un peu sinuée, aussi prononcée que dans *Trifolii*.

Le dessous des supérieures est d'un bleu violet, avec les taches plus pâles. La frange est d'un bleu violet.

Les antennes sont noires, longues, fortes, en massue alongée. Le corselet et l'abdomen sont d'un noir bleu, à reflet violet. Les pattes sont noirâtres.

La femelle diffère peu du mâle.

Quelquefois on trouve une variété qui a une sixième tache très petite.

Cette belle espéce habite les Alpes du Piémont, la Toscane, et plusieurs autres parties de l'Italie. M. le baron Feisthamel, qui posséde une très belle suite de *Zygæna*, et une riche collection de Lépidoptères de tous les pays, nous en a communiqué plusieurs individus qui lui avaient été envoyés de Barcelone. M. Rippert l'a rapportée aussi des Pyrénées espagnoles.

Observation. Le *Sphinx Charon* d'Hubner n'appartient point à cette espéce. Ochsenheimer l'a considéré comme une variété de *Medicaginis*, et dans ma *Monographie* je l'ai rapporté à *Charon*, c'est une erreur. Après avoir bien examiné la figure de cet auteur, je pense qu'il faut la regarder comme une variété de *Scabiosæ*.

Sur la planche où j'ai représenté cette espéce il y a une faute grave ; on a mis le nom de *Charon* à *Medicaginis*, et *vice versa*. C'est aussi à tort que dans le texte je l'ai décrite comme ayant souvent six taches : ce cas est au contraire fort rare ; car à peine, sur trente individus, si on en rencontre un qui offre ce caractère.

20. ZYGÆNA MEDICAGINIS. Pl. 55, fig. 10.

*Alis anticis apice subrotundatis, saturate cyaneis vel virescentibus,
    maculis sex minutis sanguineis nigro sub-cinctis; posticis rubris
    margine lato, cyaneo, intus sinuato.*

BOISD., *Ind. meth.*, p. 36.
Monog. des Zyg., p. 66, pl. 4 (fig. 4, sous le nom de *Charon*).
OCHS., *Schmett. von Europ.*, II, p. 61, n° 16.
Sphinx medicaginis. HUBN., Sphing., tab. 4, fig. 20.
Sphinx transalpina. ESP., *Schmett.*, II th., tab. 16, F. S.,
    142, *u*, 196.
De prun. lepid. pedemont., p. 98, n° 195.

VARIÉTÉ.

Zygæna stæchadis. BOISD., *Ind. meth.*, p. 36.
Monog. des Zyg., pl. 5, fig. 3.
OCHS., *Schmett. von Europ.*, II, p. 83, n° 22.
Sphinx stæchadis. BORKH., *Rhein. Magaz.*, I, B. S. 628, n° 7.
Sphinx lavandulæ. HUBN., Sphing., tab. 4, fig. 24.

Elle est de la taille d'*Ephialtes*. Ses ailes supérieures sont
un peu arrondies à l'extrémité et d'un bleu aussi intense que
dans *Lavandulæ,* souvent avec un reflet vert ou un peu doré,
marquées de part et d'autre de six petites taches d'un rouge
vif disposées ainsi : deux oblongues, cunéiformes, égales à la
base ; deux à-peu-près égales au milieu, et deux aussi à-peu-
près égales vers l'extrémité. Outre cela, ces taches dans la
plupart des cas sont légèrement cerclées de noir.

Les ailes inférieures sont d'un rouge-carmin vif de part et
d'autre, avec une bordure plus ou moins large d'un bleu noir,
ordinairement fortement sinuée intérieurement, et remontant
plus ou moins sur les nervures. Cette bordure envahit quelquefois toute la moitié postérieure des secondes ailes.

Le dessous des ailes supérieures est un peu plus pâle que
le dessus. La frange est d'un bleu violet.

La tête, le corselet et l'abdomen sont d'un bleu noir, à reflet violet ou bronzé. Les antennes sont d'un bleu noir en dessus et noirâtres en dessous. Les pattes sont d'un noir brunâtre, avec un reflet roussâtre sur la partie interne des cuisses et des jambes.

On trouve quelquefois une variété chez laquelle la sixième tache tend à disparaître.

Elle se trouve en Piémont, en Toscane, en Carinthie et en Illyrie.

Observation. La *Stœchadis* des auteurs est une belle variété piémontaise qui, à l'exception du collier blanc, ressemble extrêmement à *Lavandulœ*. Chez elle la bordure envahit presque toute la surface des ailes inférieures ; la base et quelquefois un petit espace entre le milieu et l'angle interne sont les seules parties qui restent rouge. La sixième des taches des ailes supérieures disparaît aussi quelquefois, au moins en dessus. On trouve du reste tous les passages entre cette variété et les individus dont la bande est la moins large. La *Peucedani* nous offre parfois un exemple analogue. Il y a des individus de cette dernière qui ont la bande marginale presque aussi étroite que *Filipendulœ*, et il en existe d'autres qui l'ont tellement large qu'elle couvre les deux tiers de l'aile.

Ainsi que je l'ai dit en parlant de *Charon*, le nom de cette espéce a été transposé sur la planche de ma *Monographie* par le graveur *de lettres*.

21. ZYGÆNA ANGELICÆ. Pl. 53, fig. 9.

Alis anticis cyaneis, maculis sex minoribus vivide sanguineis; posticis rubro-miniaceis; antennis apice lutescentibus.

Boisd., *Ind. method.*, p. 36.
Monog. des Zyg., pl. 4, fig. 2.
Ochs.? *Schmett. von Europ.*, II, p. 67, n° 18.
Hubn.? Sphing., tab. 26, fig. 120, 121.

Elle est un cinquième plus petite que *Medicaginis*, et elle ressemble beaucoup à *Hippocrepidis* par le port et par le beau rouge vif de ses taches et de ses ailes inférieures. Les ailes supérieures sont marquées de six petites taches rouges disposées comme dans *Medicaginis*.

Les ailes inférieures sont de part et d'autre d'un beau rouge vermillon, avec la bordure et la frange comme dans *Hippocrepidis*.

Le dessous de ses ailes supérieures est à-peu-près comme dans *Hippocrepidis*, avec la frange d'un bleu à reflet roussâtre.

Les antennes sont d'un bleu noir, avec la pointe un peu roussâtre ou jaunâtre. Le corselet et l'abdomen sont d'un bleu-noir à reflet violet ou un peu bronzé. Les pattes sont comme dans *Hippocrepidis*.

La femelle ne diffère pas du mâle.

Elle se trouve communément dans les montagnes sousalpines aux environs de Grenoble, et sur tout le revers méridional des Alpes du Piémont. Elle habite aussi l'Autriche, la Hongrie et la Saxe?

Comme on le voit par cette description, cette espéce a beaucoup de rapports avec *Hippocrepidis;* mais elle s'en distingue par sa taille plus grande d'un quart, par ses taches un peu plus petites, et sur-tout par la sixième, qui est assez éloignée de la cinquième, et jamais aussi rapprochée que dans *Hippocrepidis,* où ces deux taches sont le plus souvent

2.   9

réunies. On ne la confondra avec aucune autre par l'éclat de ses taches rouges.

Observation. Je ne suis pas bien certain que l'*Angelicæ* d'Ochsenheimer soit la même que la mienne ; pour pouvoir l'affirmer, il faudrait avoir comparé les deux chenilles. J'ai reçu d'Allemagne, de plusieurs entomologistes, un certain nombre de *Zygœna* sous le nom d'*Angelicæ*. Celles que j'ai achetées de Dahl ne diffèrent certainement pas de *Filipendulæ*. M. Wimmer m'en a envoyé d'autres, qui ont tantôt cinq taches et tantôt six, et dont le rouge a une teinte un peu plus carminée et moins miniacée que dans ceux de nos Alpes. Enfin, j'en ai reçu deux de M. Treitschke, dont un individu a cinq taches et l'autre six, qui, par la teinte et par les autres caractères, ressemblent beaucoup à mon *Angelicæ;* cependant je dois dire qu'elles ont encore plus de rapports avec *Peucedani,* à l'exception de l'anneau rouge. Serait-ce un hybride de cette espéce et de *Filipendulæ?* j'en doute, parcequ'elle est trop commune aux environs de Dresde, où elle a été élevée de la chenille par Ochsenheimer. Celle des Alpes est aussi trop abondante et trop constante pour que l'on puisse hasarder cette hypothèse. Il est donc possible que sous le nom d'*Angelicæ* je confonde deux espéces ; mais ne connaissant point encore la chenille de celle des Alpes, je n'ai pas osé les séparer. Lorsque la découverte de cette dernière aura tranché la question, la mienne devra prendre le nom d'*Alpina,* et celle d'Ochsenheimer conserver celui d'*Angelicæ,* si cette preuve irrévocable démontre que j'aie commis une erreur.

22. ZYGÆNA TRANSALPINA. Pl. 54, fig. 10.

*Alis anticis cyaneis aut virescentibus, maculis sex rubris (sæpe conna-
tis); posticis rubris margine latiore cyaneo.*

> Boisd., *Ind. meth.*, p. 36.
> *Monog. des Zyg.*, pl. 4, fig. 3.
> Ochs., *Schm. von Europ.*, II, p. 60, n° 15.
> *Sphinx transalpina.* Hubn., Sphing., tab. 3, fig. 15-19.
> *Sphinx filipendulæ major.* Esp., *Schm.*, II th., tab. 41, cont.
> 16, fig. 4.

Elle a de grands rapports avec *Filipendulæ*, dont elle ne
diffère guère que par la taille ; mais la chenille offre quelques différences constantes, qui confirment celles que l'on
trouve dans l'insecte parfait.

Elle est au moins un tiers plus grande ; ses ailes supérieures sont un peu plus arrondies à l'extrémité, et souvent
les taches sont réunies deux à deux.

Les ailes inférieures ont la bordure notablement plus large
et plus sinuée.

Le dessous des ailes supérieures est comme dans *Filipendulæ*, avec les taches plus ou moins confluentes.

Le corselet, l'abdomen, les antennes et les pattes sont
comme dans *Filipendulæ*.

On rencontre quelquefois une variété qui n'a que cinq
taches rouges.

Elle se trouve communément en Italie et aux environs de
Montpellier, où elle semble remplacer notre *Filipendulæ*.

Voyez la figure et la description de la chenille dans notre
Iconographie des Chenilles d'Europe.

Nota. L'individu que nous avons fait représenter est une variété
élevée de la chenille, il est au moins un tiers plus petit que la
plupart de ceux qui éclosent dans la nature, et chez lui les taches
sont séparées comme dans *Filipendulæ*.

9.

23. ZYGÆNA DORYCNII. Pl. 55, fig. 8.

Alis anticis apice subrotundatis, cyaneis aut viridibus, maculis sex minoribus vivide coccineis; posticis coccineis; abdomine supra cingulo coccineo.

BOISD., *Ind. meth.*, p. 36.
Monog. des Zyg., p. 72.
OCHS., *Schmett. von Europ.*, II, p. 69, n° 19.

Elle est un peu plus grande qu'*Hippocrepidis*. Ses ailes supérieures sont d'un bleu intense, à reflet verdâtre, avec six petites taches d'un rouge vif à-peu-près comme dans *Medicaginis*, et le sommet arrondi de la même manière.

Les ailes inférieures sont d'un rouge vif de part et d'autre, avec une bordure d'un noir bleu, un peu sinuée intérieurement, aussi large que dans beaucoup d'individus de *Medicaginis*.

Le dessous des ailes supérieures est plus pâle que le dessus, avec les taches confluentes.

Les antennes sont entièrement d'un noir bleu. Le corselet est d'un bleu foncé. L'abdomen est d'un bleu noir, avec un reflet verdâtre, et il a comme *Peucedani* vers l'extrémité un anneau rouge, mais qui dans le mâle n'existe qu'en dessus. Les pattes sont d'un brun noirâtre.

Elle se trouve dans la Russie méridionale. J'en ai aussi reçu deux individus de la Styrie.

Observation. Elle a plus de rapports avec *Medicaginis* qu'avec aucune autre espéce; mais elle en est très distincte par ses taches nullement cerclées de noir, par son anneau rouge et par sa taille plus petite. Elle se distingue non moins facilement de *Peucedani* par ses ailes plus courtes, plus arrondies; par ses taches plus vives, plus petites, et dont les quatre dernières sont à-peu-près égales; par ses antennes, qui ne sont pas blanches à l'extrémité; et par l'anneau rouge, qui dans le mâle n'est visible qu'en dessus.

24. ZYGÆNA ANTHYLLIDIS. Pl. 55, fig. 7.

Alis anticis latiusculis, apice rotundatis, cyaneis aut virescentibus, maculis sex rubris; posticis rubro-roseis margine tenui nigro; abdomine cingulo rubro; collari, pedibusque luteis.

> Boisd., *Ind. method.*, p. 36.
> *Monog. des Zyg.*, pl. 4, fig. 8, p. 78.

Elle a un peu le port d'*Exulans*, mais elle est un tiers plus grande et ses ailes sont proportionnellement plus larges. Les supérieures sont d'un bleu plus ou moins verdâtre, avec la frange jaunâtre et six taches rouges disposées ainsi : deux oblongues à la base, dont celle qui longe la côte moitié plus longue et terminée en pointe ; deux arrondies ou un peu quadrangulaires sur le milieu, et deux arrondies vers l'extrémité.

Les ailes inférieures sont d'un rouge-carmin plus ou moins vif de part et d'autre, avec une petite bordure noire constituée en grande partie par la frange.

Le dessous des ailes supérieures est plus pâle que le dessus, et les taches dans quelques individus tendent à devenir confluentes.

Les antennes sont noires, longues, assez fortes, renflées insensiblement en massue. Le corselet est d'un bleu noir. L'abdomen est noir, et il a près de l'extrémité un anneau rouge qui n'entoure le corps qu'en dessus. Le collier est jaune ou un peu orangé. Les pattes sont jaunes.

La femelle est plus verdâtre que le mâle. Ses ailes inférieures sont plus roses ; quelques unes de ses taches sont parfois un peu lavées de blanc ou de jaunâtre sur leur bord comme dans la femelle d'*Exulans*. Le bord interne de ses ailes supérieures est légèrement liséré de jaunâtre.

Elle se trouve en Espagne et dans les Pyrénées aux environs de Baréges.

Voyez, pour la chenille, notre *Collection iconographique des Chenilles d'Europe*.

25. ZYGÆNA OXYTROPIS. Pl. 55, fig. 3.

Alis anticis cyaneo-virescentibus, maculis sex rubris nigro cinctis (duabus apicalibus connatis); posticis rubris margine nigro; collari humerisque nigris.

BoISD.; *Ind. method.*, p. 37.
Monog. des Zyg., pl. 5, fig. 7.

Elle est tant soit peu plus petite qu'*Hippocrepidis*, et elle se rapproche un peu de *Rhadamanthus*. Ses ailes supérieures sont d'un bleu-ardoisé très luisant, marquées de six taches rouges, entourées la plupart d'un cercle noir très distinct, et disposées ainsi : les deux de la base sont oblongues et d'égale longueur; les deux du milieu sont un peu inégales; les deux de l'extrémité sont à-peu-près égales, connées, et forment par leur réunion un angle trèsouvert.

Les ailes inférieures sont d'un rouge minium de part et d'autre, avec une bordure d'un bleu noir plus large que dans *Rhadamanthus*, et une frange de la même couleur. La frange des ailes supérieures a un reflet jaunâtre.

Le dessous des premières ailes est d'un bleu pâle, avec les taches confluentes. Les antennes sont grosses, d'un bleu foncé luisant. Le corselet, les épaulettes et l'abdomen sont noirs en dessus et en dessous. Les pattes sont d'un brun noirâtre.

La femelle ne diffère en rien du mâle.

Elle se trouve en Toscane, sur-tout aux environs de Florence.

Elle se distinguera facilement de *Rhadamanthus* par ses ailes supérieures plus bleues, avec les deux taches postérieures connées, par son corselet noir, par la bande de ses ailes inférieures, etc.

26. ZYGÆNA STÆCHADIS. Pl. 55, fig. 4.

Alis anticis chalybeo-virescentibus, maculis sex rubris nigro cinctis; posticis nigro - cyaneis plaga discoidali obsolete rubra; thorace cinereo-albido, villoso.

La *Zygæna* publiée sous ce nom par les auteurs n'étant point une espéce, mais une simple variété de *Medicaginis*, j'ai transporté à celle que je décris ici et qui est nouvelle, le nom de *Stæchadis*, en raison de son affinité avec *Lavandulæ*.

Elle a le port et la taille de *Rhadamanthus*. Ses ailes supérieures sont d'un bleu verdâtre, avec la frange jaunâtre et six taches rouges, la plupart cerclées de noir comme dans *Rhadamanthus*, et disposées ainsi : deux à la base, oblongues, étroites, égales et bien séparées ; deux au milieu, dont la supérieure plus petite ; deux vers l'extrémité, égales, et dont l'inférieure est dépourvue ou à-peu-près de cercle noir.

Les ailes inférieures sont noires, à reflet bleu, avec une ou deux taches rouges, mal arrêtées, saupoudrées d'un peu de noirâtre, occupant le disque.

Le dessous des ailes supérieures est un peu plus pâle que le dessus, et les taches y reparaissent à peine.

Le dessous des inférieures est plus blanchâtre que le dessus, avec la tache discoïdale un peu mieux écrite.

Le corselet et le collier sont velus et entièrement couverts de poils d'un gris blanchâtre.

L'abdomen est noir, à reflet bronzé. Les antennes sont comme dans *Rhadamanthus*.

La femelle offre les mêmes caractères que le mâle.

Elle se trouve aux environs de Barcelone, et elle m'a été donnée par M. le colonel Feisthamel, qui en a reçu un certain nombre de cette localité.

Nota. La *Stæchadis* décrite dans ma *Monographie* est, comme celle des autres auteurs, une variété de *Medicaginis*.

27. ZYGÆNA EPHIALTES. Pl. 55, fig. 5 et 6.

Alis anticis cyaneis, maculis tribus quatuorve disci albis, binis baseos luteis ; posticis cyaneis macula alba ; abdominis cingulo luteo.

Boisd. , *Ind. meth.* , p. 37.
Monog. des Zyg. , pl. 5 , fig. 5 et 6.
Ochs. , *Schmett. von Eürop.* , II , p. 77, n° 21.
Sphinx ephialtes. Linn. , *Syst. Nat.*, I , 2 , 806 , 36. — Borkh.
Sphinx falcatæ. Hubn. , Sphing., tab. 5 , fig. 33 ; et *Sphinx coronillæ* , tab. 5, fig. 13.
Sphinx ephialtes. Esp. , *Schmett.*, II th. , tab. 22 , fig. 3, S. 148.
— *Sphinx coronillæ* , tab. 33, cont. 8 , fig. 2 ; — et *Sphinx trigonellæ* , ibid. , fig. 3 et 4.
Zygæna ephialtes. Fab. , *Ent. Syst.* , III , 1, 388, 8 ; et *Zygæna coronillæ* , loc. cit. , 388.
Sphinx de la luzerne. Ernst, Pap. d'Europe, pl. 100 , fig 144.
— Sphinx de la coronille, pl. 101, fig. 144.

Elle est de la taille de *Lavandulæ.* Ses premières ailes sont d'un noir-bleu brillant, avec cinq ou six taches, dont deux jaunes à la base, et les autres blanches.

Les ailes inférieures sont de la couleur des supérieures de part et d'autre , avec une petite tache blanche, quelquefois accompagnée d'un petit point de la même couleur.

Le dessous des ailes supérieures est à-peu-près semblable au dessus ; mais les deux taches basilaires jaunes y reparaissent à peine, tandis que les autres y sont fort apparentes.

Les antennes, le corselet et les épaulettes sont du même ton que le fond des ailes. L'abdomen est d'un bleu très foncé, entièrement entouré par un anneau jaune.

Elle varie un peu pour le nombre de taches blanches des ailes supérieures, qui est tantôt de trois et tantôt de quatre. Les ailes inférieures offrent aussi quelquefois un petit point à côté de la tache blanche.

Elle se trouve en Autriche, en Valais, en Piémont, et dans le département des Basses-Alpes.

Observation. M. Treitschke a trouvé plusieurs fois cette espéce accouplée avec *Filipendulæ*, et il pense avec raison que ces individus à taches basilaires et à anneau rouge que l'on rencontre de temps en temps, et que l'on avait considérés comme le type de l'espéce, sont au contraire les hybrides résultant de cet accouplement. Ils répondent au *Sphinx Ephialtes* de Linnée, *Falcatæ* d'Hubner, ou au *Sphinx de la luzerne* d'Ernst. Leur rareté comparativement à celle des individus à anneau jaune prouve qu'ils ne jouissent point de la faculté de se reproduire.

28. ZYGÆNA HILARIS. Pl. 55, fig. 1.

Alis anticis nigro-cyaneis aut virescentibus, maculis quinque cinnaba-
rinis, confluentibus, flavo marginatis; posticis cinnabarinis margine
cyaneo; collari albido.

Boisd., *Ind. meth.*, p. 37.
Monog. des Zyg., pl. 6, fig. 5.
Ochs., *Schmett. von Europ.*, II, p. 101, n° 30.

Au premier coup d'œil elle a de grands rapports avec
Fausta, et M. Treitschke pense qu'elle pourrait bien n'en être
qu'une variété locale. Il émet cette opinion d'après ce qui a
lieu dans une autre variété que l'on trouve dans quelques
parties de la Suisse, et qui est connue de plusieurs amateurs
sous le nom de *Zygæna Jucunda*. Relativement à la *Jucunda*,
nous partageons complétement la manière de voir de cet entomologiste distingué ; en effet, elle ne diffère guère de la
Fausta que par l'absence du collier, et que parceque l'anneau
rouge n'est que rudimentaire. Cette variété est rare ; mais il
n'en est pas de même d'*Hilaris*, qui est répandue depuis le
département de l'Isère jusqu'à Toulon, et qui se trouve dans
les mêmes contrées que *Fausta*. Cette dernière circonstance
nous engage à la considérer comme une espéce particulière
jusqu'au moment où la découverte de la chenille viendra
trancher la question d'une manière définitive.

Ses ailes supérieures sont d'un bleu noir, avec cinq taches
d'un rouge cinabre, entourées de jaune ou de blanc jaunâtre,
confluentes par la bordure et disposées ainsi : celle de la base
est large et bordée inférieurement par un petit rebord de la
couleur du fond, qui n'existe pas dans *Fausta* ; les trois du disque sont carrées et placées en triangle ; la dernière, qui est
vers le bout, est transversale et semi-lunaire. Toutes ces taches sont plus ou moins liées l'une à l'autre. Le bord interne
est jaunâtre. La frange est un peu jaunâtre.

Les secondes ailes sont rouges de part et d'autre, à-peu-près comme dans *Fausta*, mais souvent un peu plus pâles.

Le dessous des ailes supérieures est plus pâle que la surface opposée, avec la bordure des taches moins apparente.

Les antennes et le corps sont d'un bleu noir, avec les épaulettes et le collier blanchâtres. Les pattes sont d'un jaunâtre pâle.

Elle se trouve à la fin de juin et au commencement de juillet dans les lieux boisés et un peu élevés, en Dauphiné et en Provence. Elle habite aussi le Portugal.

Remarque. M. le docteur Marloy, chirurgien de la marine, a rapporté d'Alger une Zygène (*Z. Algira mihi*) qui a quelques rapports avec cette espèce et avec *Fausta*. Dans les cinq individus que j'ai vus, les taches n'avaient pas de bordure, et étaient liées à-peu-près comme dans *Fausta*. Le collier, le corselet et l'abdomen étaient entièrement noirs, avec les pattes brunes.

Je ne connais pas la *Faustina* de Portugal; mais d'après la description qu'en donne Ochsenheimer, elle diffère trop de celle-ci pour supposer qu'elle en soit une variété.

M. Ménétriés, dans le *Catalogue raisonné des objets de zoologie recueillis* au *Caucase*, cite avec un point de doute notre *Zygæna Olivieri* comme se trouvant au Caucase. Le seul individu qu'il a pris offrant quelques petites différences avec le nôtre, qui d'ailleurs est originaire de Syrie, nous n'avons point osé faire représenter celui que nous possédons, dans la crainte de donner comme européenne une espèce asiatique. Voici, du reste, la diagnose de notre *Olivieri* :

Alis anticis cyaneis, maculis tribus rubris sub-ocellatis; posticis rubris margine tenuiore, cyaneo; antennis clavatis; collari abdominisque cingulo rubris.

M. Ménétriés décrit deux autres espèces prises à Lenkoran, sur les bords de la mer Caspienne. La première, qui paraît être voisine d'*Olivieri*, et qu'il appelle *Fraxini*, peut-être en l'honneur de feu M. Dufresne, chef des travaux zooolgiques au Muséum national, est caractérisée ainsi :

Alis anticis chalybeis, nitidis, maculis quatuor rubris, mediis duabus ocellatis, apicali gemina tantummodo intus flavo marginata; posticis rubris; abdomine thoraceque totis nigris.

Prise à Lenkoran. M. Faldermann l'a aussi reçue de Perse.

La seconde paraît se rapprocher un peu plus d'*Onobrychis*, et est caractérisée par cette diagnose sous le nom de *Zygœna Scovitzii*:

*Alis anticis viridi-chalybeis maculis quinque rubris valde flavo margina-
tis, apicali intus sub-bifurca, alteris ovatis minoribus; posticis rubris cyaneo
marginatis; abdominis cingulo integro rubro; pedibus æneis antice flaves-
centibus.*

Prise à Lenkoran, et rapportée de Perse par M. Scovitz.

Dans ma *Monographie* j'ai décrit sous le nom de *Zygœna Cuvieri* une
grande espéce qui appartient au même groupe, quoique ses taches soient
entièrement dépourvues de bordure. Elle se trouve en Syrie; mais comme il
est possible qu'on la découvre un jour dans la Russie méridionale ou dans la
Turquie d'Europe, nous donnons ici sa phrase spécifique :

*Alis anticis cyaneo-violaceis, maculis tribus latis rubris; posticis rubris mar-
gine latiori cyaneo; abdomine thoraceque nigris hirsutis; collari cinguloque
rubris.*

Trouvée aux environs d'Amaden en Perse par Olivier, et rapportée de
Syrie par Labillardière et Erhenberg.

29. ZYGÆNA LÆTA. Pl. 55, fig. 2.

Alis anticis cyaneis, maculis confluentibus rubro-miniaceis, externe pallidulis, immarginatis; posticis miniaceis margine nigro-cyaneo; collari, humeris abdominisque cingulo latissimo, rubris.

Boisd., *Ind. meth.*, p. 37.
Monog. des Zyg., pl. 6, fig. 7, p. 104.
Ochs., *Schmett. von Europ.*, II, p. 108, n° 29.
Sphinx læta. Hubn., Sphing., tab. 6, fig. 34 et 35.
Esp., *Schmett.*, II th., tab. 46, cont. 21, fig. 2, fortf. S. 36.
Sphinx de la bruyère, variété. Ernst, Pap. d'Europe, pl. C, fig. 142, *a, b*.

Elle a le port et la taille de *Fausta*. Ses ailes supérieures sont bleuâtres, avec la frange jaunâtre, et la plus grande partie de la surface couverte par un espace d'un rouge miniacé, un peu plus vif vers la base. Ce grand espace offre une petite échancrure très prononcée vers l'angle externe, et se termine vers le bout en manière de hache ou de doloire. Il est en outre marqué de deux taches de la couleur du fond.

Les ailes inférieures sont roses de part et d'autre, avec le bord et l'extrémité internes d'une couleur plus vive, et un liséré bleu formé en grande partie par la frange, un peu élargi à l'extrémité de l'angle externe.

Le dessous des ailes supérieures est plus pâle que le dessus.

Les antennes sont un peu plus fortes que dans *Fausta*. Le corselet et l'abdomen sont d'un bleu à reflet bronzé, avec le collier, les épaulettes et un très large anneau rouges. Cet anneau couvre en dessus les deux tiers de l'abdomen, mais il est moitié plus étroit en dessous. Les pattes sont d'un jaune paille.

Elle se trouve en Hongrie et en Autriche.

GENRE PROCRIS[1]. Fab., Lat., God., Boisd.

ATYCHIA, Ochs.; *INO*, Stephens, Leach; *ZYGÆNA*, Panzer; *AGLAOPE*, Lat.

Chenille épaisse, raccourcie, garnie de petites aigrettes de poils courts, à marche lente comme celle des *Zygœna*. Chrysalide cylindrico-conique, renfermée dans une coque formée par un tissu léger. *Insecte parfait:* palpes grêles, plus courts que le chaperon; yeux de grandeur moyenne; stemmates petits; chaperon arrondi; antennes presque linéaires, épaissies à l'extrémité ou terminées par une pointe; celles du mâle bipectinées en dessous, tantôt dans toute leur longueur et tantôt dans une partie seulement; celles de la femelle, légèrement dentelée en dessous ou presque lisses; ailes un peu plus larges que dans les *Zygœna*, se rapprochant déja de celles des *Emydia*; pattes postérieures ayant les ergots très petits.

Les Procris diffèrent des Zygènes par leurs ailes sans taches et ordinairement d'une seule couleur, et par leurs antennes pectinées dans les mâles. Elles ont du reste à-peu-près les mêmes mœurs; elles volent aussi en plein jour sur les fleurs de la *statice ameria*, des *scabiosa*, des *jacea*, des *globularia*, etc. A l'état de larves, elles vivent sur des arbrisseaux et sur des plantes basses.

Celles que je connais habitent l'Europe, l'Asie-Mineure et le cap de Bonne-Espérance.

[1] Si le nom de *Procris* n'était pas déja ancien dans la science et adopté par beaucoup d'entomologistes, il eût peut-être été convenable de lui substituer celui d'*Ino* que lui avait donné Leach, parcequ'il existe un genre de plantes appelé *procris* (Wildenow spec., plant. IV, p. 344, nº 1661). On pourrait aussi prendre le nom d'*Aglaope* donné depuis très long-temps par Latreille à l'une des espèces, ou celui d'*Atychia;* mais ce dernier ayant été transporté tantôt aux *Procris* et tantôt aux *Chimœra*, il en résulterait peut-être quelque confusion.

1. PROCRIS VITIS. Bonelli. Pl. 56, fig. 2 et 3.

*Alis omnibus fuscis, antennis longioribus (maris bipectinatis acutis)
thorace abdomineque supra æneo-viridibus nitidis.*

> Boisd. , *Ind. meth.* , p. 38.
> *Zygæna ampelophaga.* Bayle-Barelle, *Degli ins. nocivi all'
> uomo, alle bestie,* etc. *Milano,* 1824.
> *Procris ampelophaga.* Passerini, *Memoria sopra due specie
> d' insetti nocivi, nelle Mem. dell' accadem. de' Georgofili.*
> 1830, T. 1, fig. 1-14.
> *Sphinx ampelophaga.* Hubn. , Sphing., Suppl.

Elle a le port de *Pruni,* mais elle est ordinairement un peu
plus grande. Ses quatre ailes sont d'un brun un peu bistré
ou d'un brun noirâtre de part et d'autre.

La téte est d'un vert brillant. Le dessus du corselet est
vert ou d'un vert un peu bronzé, et quelquefois cette couleur s'étend un peu sur l'articulation des ailes supérieures.
L'abdomen est d'un vert plus ou moins bronzé en dessus, et
brunâtre ou un peu bronzé en dessous. Les antennes du
mâle sont presque aussi longues que les ailes supérieures,
pointues, bipectinées, avec la tige d'un vert bronzé ou d'un
vert bleuâtre. Les antennes de la femelle sont plus courtes,
linéaires et dentées en dessous. La poitrine et les pattes sont
brunâtres.

La femelle est un peu plus grande que le mâle, et ses ailes
supérieures paraissent un peu plus larges.

Elle se trouve communément en Piémont et en Toscane,
où sa chenille est un fléau pour la vigne. M. le docteur Passerini, l'un des entomologistes les plus distingués de l'Italie,
qui s'occupe beaucoup des insectes nuisibles à l'agriculture,
a publié dans les Mémoires *dell' accademia de' georgofili* de
Florence une notice très intéressante sur les ravages qu'elle
occasione en Toscane.

Voyez, pour la description de la chenille, notre *Iconographie des Chenilles d'Europe*.

Observation. Cette espèce diffère de *Pruni* par ses antennes plus fortes, plus longues et plus pointues ; par la tête, le corselet et l'abdomen, qui sont d'un vert-bronzé brillant ; et par les ailes, qui n'ont aucune teinte verdâtre.

2. PROCRIS SEPIUM. Pl. 56, fig. 1.

Alis anticis angustioribus, rubigineis; apice fusco-purpureis ; posticis abdomineque nigricantibus ; thorace, pectore, capite abdomineque subtus viridi-aureis.

Elle est de la taille de *Pruni*. Ses ailes supérieures sont d'un ferrugineux obscur, avec la base d'un vert doré et l'extrémité d'un brun-pourpré obscur.

Les ailes inférieures sont noirâtres de part et d'autre, à-peu-près comme dans *Pruni*.

Le dessous des ailes supérieures est entièrement noirâtre.

Les antennes sont noirâtres, bipectinées dans les mâles, conformées à-peu-près comme dans *Vitis*.

La tête, la poitrine et le corselet sont d'un beau vert doré, et cette couleur s'étend sur la base des ailes supérieures pour se fondre insensiblement avec la couleur ferrugineuse. L'abdomen est noirâtre en dessus et d'un vert doré en dessous. Les pattes sont noirâtres, avec les cuisses d'un vert doré.

Je ne connais pas la femelle.

Cette description est faite d'après quatre individus mâles, parfaitement semblables, rapportés des environs de Milan par MM. Spence, fils de M. Spence, collaborateur de M. Kirby.

Elle vole dans les buissons comme la *Procris Pruni*.

Nota. Le *Sphinx Geryon*, figuré par Hubner, tab. 28, n'est point une espèce, mais un petit individu de *Statices*. Celui qu'il a représenté sous le nom de *Chloris* est une variété de *Globulariæ*, qui ne diffère des individus ordinaires que par une taille plus petite.

GENRE CHIMÆRA [1]. Ochs., Boisd.

ATYCHIA, Lat.

Chenille.......*Insecte parfait :* tête assez petite, un peu enfoncée sous le corselet ; palpes droits, velus, dépassant le chaperon ; le dernier article très distinct ; antennes un peu renflées au milieu, atténuées aux deux extrémités, dentées en scie en dessous dans les mâles, plus minces et très légèrement dentées dans les femelles ; trompe nulle ; corselet velu, écailleux ; ailes courtes en toit, les supérieures étroites ; abdomen plus long que les ailes inférieures ; les jambes postérieures munies de forts ergots.

Les *Chimæra* par leur *facies*, par leurs ailes plus robustes et plus courtes que chez les *Procris*, s'éloignent beaucoup des autres Zygénides. Elles n'ont de commun avec elles que leur vol diurne et les ergots dont sont munies les pattes postérieures. Par l'absence complète de la trompe, par la forme de leurs antennes, par l'alongement de leur abdomen et de l'oviductus des femelles, elles ont beaucoup de rapports avec les *Thyris* et sur-tout avec les *Stygia*.

Leurs chenilles sont encore inconnues ; mais il serait permis de supposer, en raison de la facilité avec laquelle ces insectes *tournent au gras*, et en raison de l'alongement de l'ovi-

[1] On devrait peut-être changer ce nom, parcequ'il est déja employé pour un genre de poissons. A la vérité, d'autres sont dans le même cas, tels que *Noctua, Zygæna, Urania*, etc., etc., qui sont adoptés depuis si long-temps que personne ne songe à les remplacer. Il serait cependant bien à desirer que le même nom ne servît jamais à désigner deux genres en histoire naturelle ; mais aujourd'hui il y en aurait tant à changer que, pour éviter cet inconvénient, j'ai pris le parti de les laisser subsister quand ils ne se trouvent pas dans la même classe. J'aurais pu prendre à la place le nom d'*Atychia* employé par Latreille, si quelques auteurs allemands ne l'avaient pas appliqué depuis long-temps aux *Procris* de Fabricius.

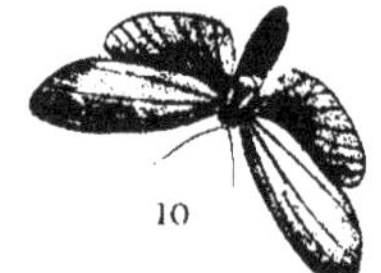

1.	Procris Sepium.	6. Chimæra	Appendiculata *femelle*.
2.	——— Vitis *mâle*.	7. ———	Pumila
3.	——— Vitis *femelle*.	8. ———	Pumila *femelle*.
4.	Chimæra Funebris.	9. ———	Lugubris *mâle*.
5.	——— Appendiculata.	10. ———	Lugubris *femelle*.

P. Dumenil pinx & dir.

ductus des femelles, qu'elles vivent dans les tiges. S'il en est
ainsi, ils devront être retranchés de la tribu des Zygénides,
et reportés dans celle des Zeuzérides, à côté des *Endagria*,
avec lesquelles ils ont quelque affinité, ou plutôt encore former avec les *Stygia* une tribu d'Hétérocères endophytes à
vol diurne. La découverte de leur chenille fixera leur véritable place; et ce n'est que provisoirement, et faute de ren-
seignements sur leur premier état, que je les laisse dans les
Zygénides.

1. CHIMÆRA APPEDICULATA. Pl. 56, fig. 5 et 6.

*Alis anticis flavo-virescentibus lineola albida ; posticis atris macula
discoidali ciliisque albis. Femina nigra immaculata.*

> Boisd., *Ind. meth.*, p. 38.
> Ochs., *Schmett. von Europ.*, III, p. 4, n° 2.
> *Sphinx appendiculata.* Esp., *Schmett.*, II th., 35, cont. 10,
> fig. 5, 6.
> *Sphinx chimæra.* Hubn., Sphing., tab. 1, fig. 1.
> *Noctua chimæra.* Hubn., Noct., tab. 64, fig. 314, 315.
> *Noctua linea.* Borkh., *Europ. schmett.*, IV th., S. 70, n° 26.
> *Pyralis vahliana.* Fab., *Ent. Syst.*, III, 2, 245, n° 10.
> Sphinx appendice. Ernst, Pap. d'Europe, pl. 102, fig. 149,
> *a, b, c.* — L'étamine, pl. 273, fig. 438, *a, b, c.*

Elle est un quart plus petite que la *Procris Infausta*. Ses
ailes supérieures sont d'un vert jaunâtre, marquées d'une raie
médiane, longitudinale, d'un blanc un peu jaunâtre, qui s'é-
tend depuis la base jusqu'au-delà du milieu. La frange est un
peu plus pâle et entremêlée de quelques cils blancs.

Les ailes inférieures sont noires, avec la frange blanche et
une tache discoïdale transverse de la même couleur.

Le dessous des quatre ailes est noir, avec la frange et les
contours blancs, et une tache de la même couleur sur le disque de chacune.

Le corselet est de la couleur des ailes supérieures. L'abdomen est noirâtre, un peu luisant, avec les incisions jaunâtres. Les antennes sont brunâtres, garnies çà et là de quelques écailles verdâtres. Les pattes sont garnies de poils d'un jaune verdâtre.

La femelle est un tiers plus petite que le mâle et entièrement noirâtre.

Elle se trouve en Hongrie, en Autriche, et dans plusieurs contrées de l'Allemagne ; mais je ne sache pas qu'elle ait encore été prise en France.

2. CHIMÆRA PUMILA. Pl. 56, fig. 7 et 8.

Alis anticis flavo-virescentibus punctis quatuor obsoletis, albidis; posticis atris macula discoidali ciliisque albis. Femina nigro-fusca alis anticis albo bifasciatis, posticis unifasciatis.

Boisd., *Ind. method.*, p. 38.
Ochs.? *Schmett. von Europ.*, III, p. 1, n° 1.
Noctua chimæra. Hubn., Noct., tab. 86, fig. 405.
Atychia pumila. Guérin, *Icon. du règn. animal de Cuv.* Ins., pl. 84 *bis*, fig. 8 et 8 ª.

Elle a la taille et le port d'*Appendiculata*. Les ailes supérieures du mâle sont presque de la même couleur; tantôt elles ont une petite raie longitudinale jaunâtre peu marquée, et deux points de la même couleur formant une espèce de bande transverse, et tantôt elles ont quatre points jaunâtres mal écrits formant deux bandes transverses.

Les ailes inférieures sont noires, avec la frange blanche et une bande transverse presque basilaire de la même couleur, plus étroite que dans *Appendiculata*, paraissant quelquefois formée de deux taches contiguës.

Le dessous des quatre ailes dans les deux sexes est noirâtre, avec la frange blanchâtre et une bande transverse de la même couleur, interrompue sur les inférieures, et surmontée près du sommet des supérieures par un point blanc.

Le corselet est de la couleur des ailes supérieures. L'abdomen est d'un gris-noirâtre luisant, avec les incisions blanchâtres. Les pattes sont plus blanchâtres que dans *Appendiculata*.

La femelle est plus petite que le mâle. Ses ailes sont d'un brun noirâtre. Les supérieures sont marquées de deux petites bandes blanches transverses dont l'externe est interrompue. Les inférieures sont à-peu-près comme dans le mâle, ainsi que l'abdomen et les pattes. Le corselet est noirâtre, mélangé de poils écailleux jaunâtres.

Elle se trouve en Hongrie et aux environs de Montpellier. Elle est beaucoup plus rare qu'*Appendiculata*.

3. CHIMÆRA FUNEBRIS. Pl. 56, fig. 4.

*Nigro-fusca, alis anticis nigro-fuscis, albido obsolete quadripunctatis;
posticis fuscis macula pallidiori; abdomine nigro incisuris albidis.*

FEISTH., *Annales de la Société entom.* (1833), p. 259, pl. 9,
fig. D.

Elle est un peu plus grande que *Pumila*, avec laquelle
elle a quelques rapports. Ses ailes supérieures sont d'un brun
noir, mélangées de quelques poils jaunâtres épars. A la base
elles sont marquées d'un point blanchâtre peu apparent, et
au-delà du milieu de deux petites raies interrompues de la
même couleur, formées chacune de deux points peu apparents.

Les ailes inférieures sont d'un noir brun, avec une petite
tache ou éclaircie blanchâtre sur le milieu, près du bord abdominal. La frange des quatre ailes est d'un brun plus pâle
que le fond.

Le corselet est noirâtre. L'abdomen est de la même couleur, avec le bord des incisions blanchâtre. Les antennes
sont noires.

Le dessous des quatre ailes est brun. Les palpes sont blanchâtres, avec l'extrémité du dernier article noirâtre. Le dessous du ventre est grisâtre.

Je ne connais que la femelle : il est probable que le mâle
diffère beaucoup.

Elle se trouve aux environs de Montpellier et de Barcelone, et vraisemblablement dans une grande partie de l'Espagne. L'individu que nous avons fait figurer nous a été
communiqué par M. le baron Feisthamel, dont nous aurons
souvent occasion de citer la collection.

Observation. Ochsenheimer décrit sous le nom de *Radiata*
une autre espèce de *Chimæra* qui nous est inconnue, et qui

paraît avoir quelques rapports avec celle-ci ; mais elle en diffère notablement, puisque ses ailes supérieures sont grises
et les inférieures noires, avec deux rayons jaunâtres et la
frange de la même couleur. Il n'en a vu qu'un seul exemplaire, et il faisait partie de la riche collection de l'abbé
Mazzola à Vienne.

GENRE TYPHONIA [1]. Boisd.

CHIMÆRA, Ochs., Boisd., *Ind. meth.*

Chenille. . . . . *Insecte parfait :* tête assez petite, un peu enfoncée sous le corselet, munie de deux stemmates ; palpes très courts, à peine apparents et presque nuls ; antennes des mâles assez grosses, pointues, cylindriques, garnies à chaque articulation de petits poils écailleux verticillés ; celles des femelles filiformes et légèrement velues ; corselet velu, écailleux ; ailes alongées, en toit dans le repos ; les supérieures étroites ; abdomen plus long que les ailes ; celui du mâle velu à l'extrémité ; celui de la femelle terminé par un oviductus alongé ; jambes postérieures munies d'ergots assez forts.

Ces insectes ont les ailes alongées comme les *Lithosia* et les *Procris,* mais ils ont un autre *facies.* Par l'absence presque complète des palpes et par leurs antennes, ils diffèrent beaucoup des *Chimæra ;* c'est ce qui m'a engagé à en former un nouveau genre. Leur chenille n'est pas connue, et il est possible qu'elle habite l'intérieur des tiges ; mais il est plus probable encore qu'elle vit dans des fourreaux portatifs comme celles des *Psyche* et des *OEceticus.* Aussi n'est-ce que provisoirement que je place ce genre à la fin de la tribu des Zygénides ; car il m'est presque démontré que plus tard il devra être rangé dans celle des Psychides.

[1] Quelques planches portent par erreur le nom de *Chimæra* au lieu de *Typhonia.*

TYPHONIA LUGUBRIS. Boisd.

CHIMÆRA LUGUBRIS. Pl. 56, fig. 9 et 10.

Alis omnibus utrinque nigro - fuscis immaculatis feminæ *fimbria albida.*

> *Chimæra lugubris.* Ochs., *Schmett. von Europ.* III, p. 7, n° 5.
> Boisd., *Ind. meth.*, p. 38.
> *Bombyx lugubris*, Hubn., Bomb., tab. 51, fig. 216 et 217.
> *Eyprepia ciliaris.* Ochs., *Schmett. von Europ.*, IV, p. 350, n° 26.
> *Chelonia Ciliaris.* Boisd., *Ind. meth.*, p. 43.

Elle est à-peu-près de la taille de la *Procris Globulariæ*. Ses quatre ailes sont entièrement d'un brun noir de part et d'autre sans aucunes taches, avec la frange d'un gris-blanchâtre luisant dans la femelle, et presque noirâtre dans le mâle.

Le corselet et l'abdomen sont de la couleur des ailes. Les pattes et les antennes sont brunes.

Le mâle est un tiers plus petit que la femelle. Ses antennes sont pointues, assez grosses, garnies de poils écailleux verticillés, et un peu couchés.

Elle est assez rare. Elle se trouve en été dans les Pyrénées, les régions sous-alpines de la Provence et du Valais et en Dalmatie.

Observation. L'Eyprepia ciliaris d'Ochsenheimer n'est rien autre que la femelle de cette espéce.

QUATRIÈME TRIBU.

LITHOSIDES, *LITHOSIDES.*

CHÉLONIAIRES. Boisd. *Ind. meth.*

Chenilles velues, à poils ordinairement disposés par petites aigrettes sur tout le corps ; vivant de plantes herbacées ou de lichens, médiocrement vives ou un peu paresseuses. Chrysalide le plus souvent à anneaux immobiles, et comme soudés, toujours renfermée dans un tissu léger. *Insecte parfait :* ailes ordinairement couchées horizontalement sur le corps ; les inférieures se moulant en partie autour de lui, et notablement plissées ; dos très aplati.

Cette tribu est un démembrement de celle des Chéloniaires. Malgré son affinité avec elle, elle s'en distingue suffisamment par le *facies* des insectes parfaits, par les chrysalides et les mœurs des chenilles, pour pouvoir en être séparée. Les premiers genres ont encore quelques rapports avec les *Procris,* non seulement par leurs larves, mais encore par les habitudes de l'insecte parfait, qui a un vol diurne. Les derniers font au contraire le passage aux Chéloniaires. Il est à remarquer aussi qu'elle a une certaine affinité avec quelques Tinéides, et qu'elle envoie un rameau latéral qui conduit aux *Yponomeuta.* C'est par cette raison que dans la méthode de Latreille, le genre *Lithosia* est en tête de la famille des Tinéides.

On trouve des Lithosides dans les deux continents, et même dans l'Australie.

GENRE. EMYDIA. Boisd.

EULEPIA, Curtis, Steph.; *ARCTIÆ*, Schrank.; *EYPREPIÆ*, Ocus.; *LITHOSIÆ*, Lat.

Chenilles peu alongées, garnies de poils en aigrettes étoilées, implantées sur de petits tubercules saillants; leur tête à reflet métallique; leur ventre pâle, et leur corps marqué de lignes longitudinales, dont une dorsale. Chrysalide un peu ventrue, à anneaux immobiles. *Insecte parfait :* tête comme dans les *Lithosia*, antennes toujours pectinées dans les mâles et simples dans les femelles; palpes plus courts que la tête, le dernier article cylindrique, un peu plus court que le deuxième; spiritrompe distincte et assez alongée; ailes supérieures en triangle alongé; les inférieures larges; abdomen médiocre, ne dépassant pas les ailes inférieures.

Les *Emydia* habitent les lieux arides et montueux de l'Europe, de la Sibérie et de l'Amérique septentrionale.

A l'état de chenilles, elles se nourrissent toutes de graminées.

1. EMYDIA COSCINIA. Pl. 57, fig. 1 et 2.

Capite aurantiaco, alis anticis niveis immaculatis; posticis cinerascentibus.

Boisd., *Ind. meth.*, p. 39.
Eyprepia coscinia. Ochs., *Schm. von Europ.*, IV, p. 300, 1.
Bombyx chrysocephala. Hubn., Bomb., tab. 58, fig. 151.

Elle a le port et la taille de la *Candida*. Ses ailes supérieures sont d'un blanc luisant et sans aucunes taches. Les inférieures sont grisâtres, avec une lunule en croissant, très peu marquée et un peu plus obscure. Les palpes et le dessus de la tête sont d'un jaune orangé. La tige des antennes est blanche, avec les dents obscures. Les épaulettes sont blanches. Le collier est de la même couleur, ou quelquefois un peu lavé de jaune. L'abdomen est grisâtre.

12.

Le dessous des ailes supérieures est d'un gris obscur, avec la frange blanchâtre; celui des inférieures est plus pâle. Les pattes sont brunâtres.

La femelle est un peu plus grande que le mâle. Ses ailes supérieures sont d'un blanc un peu plus pur; les inférieures sont souvent un peu plus pâles, sur-tout vers leurs bords abdominal et extérieur.

Elle se trouve en Portugal, en Espagne, en Sicile et sur la côte de Barbarie.

2. EMYDIA BIFASCIATA. Pl. 57, fig. 3.

Alis anticis albis venis, punctis marginalibus fasciisque duabus nigris; posticis cinereis ; thorace albo , punctis elongatis nigris signato.

Lithosia bifasciata. Rambur, *in Ann. de la Sociét.*, pl. 8 , fig. 11 (1832).

Elle a tout-à-fait le port et la taille de *Cribrum,* à laquelle elle ressemble beaucoup, particulièrement à la variété de cette dernière, chez laquelle les points forment des bandes transverses par leur réunion. Les ailes supérieures sont comme dans *Cribrum;* mais elles ne sont jamais traversées que par deux bandes noires, dont la première est un peu plus éloignée de la base, et la seconde un peu au-delà du milieu et correspondant à la troisième de *Cribrum.* Les lignes longitudinales et les points marginaux sont à-peu-près comme chez certains individus de *Cribrum.* Les ailes inférieures sont d'un cendré obscur. Le corselet est blanc comme les ailes , marqué de points noirâtres , dont celui qui est sur chaque épaulette et celui du milieu très alongés et en forme de trait.

Le dessous des ailes est comme chez *Cribrum.*

La femelle a quelquefois les ailes moins bien écrites que le mâle. Ses inférieures sont souvent aussi moins obscures, avec les nervures blanchâtres à l'extrémité.

Elle a été découverte en Corse par M. le docteur Rambur.

Cette espéce se distingue de la variété de *Cribrum,* chez laquelle les points forment des bandes transverses , en ce qu'elle n'a jamais que deux raies noirâtres transverses au lieu de trois, et en ce que le thorax est marqué de trois traits noirâtres, et non de trois petits points de la même couleur.

Voyez la description de la chenille dans notre *Iconographie des Chenilles d'Europe.*

3. EMYDIA RIPPERTII. Pl. 57, fig. 4.

Alis anticis obscure murinis, punctis nigris transversim seriatis ; posticis nigricantibus.

Elle est ordinairement un peu plus petite que *Cribrum.* Ses ailes supérieures sont d'un gris-cendré obscur, traversées par des lignes de points noirs disposées ainsi : une première près de la base, formée de deux ou trois points ; une seconde composée de trois ou quatre ; une troisième formée de quatre ou cinq un peu avant le milieu de l'aile, deux points à l'extrémité de la cellule discoïdale, comme dans *Candida ;* enfin une série marginale de petits points près de la frange, précédée intérieurement d'une rangée de points oblongs. Les ailes inférieures sont noirâtres, plus obscures que dans aucune autre espéce. Le corselet est de la couleur des ailes supérieures. Les antennes ont la tige et les dents entièrement noires.

Le dessous des ailes est entièrement noirâtre, ainsi que l'abdomen.

Cette belle espéce a été découverte, par M. Rippert de Beaugency, dans les Pyrénées espagnoles.

J'ai vu aussi un individu femelle pris dans les environs de Baréges.

La couleur des antennes ne permet pas de supposer que cette espéce puisse être une modification locale de *Cribrum.....*

1. Emydia Coscinia *mâle*.
2. — *id* femelle.
3. Bifasciata *mâle*.
4. Rippertii *mâle*.
5. Lithosia Griscola.
6. Lithosia Caniola.
7. — Depressa.
8. Helveola.
9. Vitellina.
10. *id* femelle.

P. Dumenil pinx. & dir.

GENRE LITHOSIA. Fab., Lat., Ochs.

LITHOSIA, CALLIMORPHA, GNOPHRIA, Steph.; *SETINÆ*, Schrank.

Chenilles garnies de petites aigrettes de poils, implantées sur des tubercules; vivant de lichens. Chrysalide cylindrico-conique, un peu obtuse. *Insecte parfait :* femelles aussi grandes ou plus grandes que les mâles ; antennes simples filiformes; tête petite; palpes un peu plus courts que la tête, le dernier article cylindrique, un peu plus court que le second ; spiritrompe distincte et assez sensible ; ailes supérieures alongées, étroites, parallèles, et un peu croisées sur le dos; les inférieures fortement plissées, moulées sur le corps ; celui-ci assez grêle, alongé ; abdomen au moins aussi long que les ailes inférieures.

Les *Lithosia* sont répandues dans plusieurs parties tempérées des deux continents, et jusqu'à la Nouvelle-Hollande ; mais elles sont plus multipliées en Europe, dans l'Amérique septentrionale et au cap de Bonne-Espérance, que dans les autres contrées.

Elles se nourrissent ordinairement, à l'état de chenilles, des *lichen* qui croissent sur les arbres, sur les rochers ou sur les toits.

1. LITHOSIA GRISEOLA. Pl. 57, fig. 5.

Alis anticis latioribus nitide griseis costa anguste lutea; alis posticis cinereo-lutescentibus ; collari capiteque luteis.

Boisd., *Ind. meth.*, p. 39.
Ochs., *Schmett. von Europ.*, IV, p. 128, n° 2.
Bombyx griseola. Hubn., Bomb., tab. 23, fig. 97.
Le manteau bordé. Ernst, Pap. d'Europe, pl. 219, fig. 303.

Elle est intermédiaire, par la taille, entre la *Complana* et la *Quadra*, et ses ailes supérieures sont proportionnellement plus larges et moins parallèles que dans les autres espèces. Le fond de leur couleur est un cendré-pâle luisant, avec la frange un peu plus brillante, et le bord de la côte d'un jaune un peu fauve, plus ou moins pâle. Cette couleur occupe un peu moins de largeur que chez *Complana;* elle est assez sensible vers la base de l'aile, et elle se continue sur le collier et sur la tête. Les ailes inférieures sont d'un jaune-nankin sale, un peu grisâtre, et un peu plus clair vers la base. Le corps est de la couleur des ailes inférieures.

Le dessous des ailes supérieures est à-peu-près comme le dessus ; mais l'extrémité est un peu plus pâle, et le milieu de la côte est un peu plus largement fauve, tandis que sa base l'est au contraire un peu moins, et que cette couleur y est presque nulle dans quelques individus. Le dessous des ailes inférieures est à-peu-près comme le dessus, avec une petite lunule discoïdale jaunâtre plus ou moins bien marquée.

Elle se trouve, aux mois de juillet et d'août, dans le nord et dans l'ouest de la France, et dans quelques parties de l'Allemagne.

Voyez la figure et la description de la chenille dans notre *Iconographie des Chenilles d'Europe.*

LITHOSIA COMPLANULA. Boisd.

Alis anticis subangustioribus, parallelis cinereo-plumbeis, costa fimbria-
que luteis ; costa insuper tenuiter fulvo limbata ; alis posticis pallide
luteis ; collari capiteque fulvis.

Cette espéce ressemble tant à *Complana* que la meilleure
figure ne servirait aucunement à la faire reconnaître. Notre
description elle-même est insuffisante pour la distinguer ; car
on ne peut être sûr de la posséder que si on l'a obtenue de la
chenille. Il est donc probable qu'elle existe, dans beaucoup de
collections, confondue avec *Complana*.

Elle a tout-à-fait la taille, la couleur et le dessin de
Complana, tant en dessus qu'en dessous. Ses ailes supérieures
paraissent être un peu plus étroites, avec la bordure costale
et la frange d'une teinte un peu plus vive. Les ailes inférieures n'offrent pas de différences.

La tète et le collier sont comme dans *Complana*.

Le dessous des ailes est aussi à-peu-près de même ; mais
celui des supérieures est peut-être un peu plus obscur. Le
corps est d'un gris-cendré pâle, avec l'extrémité d'un jaune
d'ocre dans le mâle, et les quatre derniers anneaux de cette
couleur dans la femelle. Chez cette dernière même le dessus du corps est presque entièrement d'un jaune d'ocre vif.

Elle se trouve, à la fin de mai et dans les premiers jours de
juin, dans les bois des environs de Paris, aussi communément
que *Complana ;* mais elle est de six semaines plus hâtive.

La chenille de *Complana* est noirâtre, avec deux rangées
dorsales de taches arrondies, orangées, marquées d'un peu
de blanc antérieurement.

Celle de *Complanula* est d'un noir profond, avec une bande
latérale d'un rouge briqueté le long des pattes.

Voyez la figure et la description de ces deux chenilles dans
notre *Iconographie des Chenilles d'Europe.*

La chenille de *Complanula* n'est pas rare au commencement

de mai, après les pluies, sur les écorces des chênes dans le bois de Vincennes, à la même époque que celle de la *Mesomela*.

Observation. Je ne connais point d'exemple chez les Lépidoptères, où deux espèces soient aussi semblables à l'état parfait, et si distinctes à l'état de chenille.

3. LITHOSIA CANIOLA. Pl. 57, fig. 6.

Alis albidis, anticis angustioribus, subobscurioribus, costa tenuiter, collari capiteque croceis; ano luteo.

Boisd., *Ind. meth.*, p. 40.
Bombyx caniola. Hubn., Bomb., tab. 81, fig. 220.

Elle est à-peu-près de la taille de *Complana*. Ses ailes supérieures sont étroites, d'un blanc tirant sur le gris de perle pâle, avec toute la côte lisérée de jaune safran. Cette couleur ne s'élargit pas vers la base de l'aile, mais elle s'étend sur la tête et le collier. Les ailes inférieures sont d'un blanc très légèrement paillé. Le corps est d'un gris pâle, avec l'extrémité un peu fauve dans les mâles.

Le dessous des ailes supérieures est d'un gris-roussâtre pâle, avec l'extrémité plus claire et la côte jaunâtre. Le dessous des ailes inférieures est à-peu-près comme le dessus, avec le bord antérieur, très faiblement lavé de grisâtre.

Les pattes sont d'un gris jaunâtre.

La femelle ressemble au mâle, à l'exception de l'extrémité abdominale qui est grisâtre comme le reste du corps.

Cette espèce se trouve dans le centre et le midi de la France, en Italie et en Morée. Nous ne l'avons pas encore trouvée aux environs de Paris.

Voyez, pour la description de la chenille, notre *Iconographie des Chenilles d'Europe.*

4. LITHOSIA LACTEOLA. Pl. 58, fig. 4.

*Alis omnibus albidis; abdomine cinereo; thorace·albido-subflaves-
cente; anticis subtus tenuissime grisescentibus extimo albido.*

Elle se rapproche beaucoup de *Caniola*, mais elle est un
tiers plus petite. Ses quatre ailes sont entièrement d'un blanc
un peu sale. Le corselet, le dessus de la tête et le bord de la
côte sont très faiblement jaunâtres.

L'abdomen est d'un gris cendré.

Le dessous des ailes supérieures paraît un peu plus grisâtre que le dessus, avec l'extrémité blanchâtre.

Le dessous des ailes inférieures est d'un ton uniforme
comme le dessus.

Le ventre est grisâtre avec les pattes jaunâtres.

Décrite sur un individu femelle trouvé en Corse par
M. Rambur.

Cette espéce n'est peut-être qu'une modification de *Caniola*.
Elle s'en distingue par les caractères suivants : sa taille est un
tiers plus petite, le collier et le bord de la côte des ailes supérieures sont à peine jaunâtres. L'abdomen est entièrement
grisâtre. Le dessous des premières ailes est à peine cendré ;
le dessous des ailes inférieures est semblable au dessus.

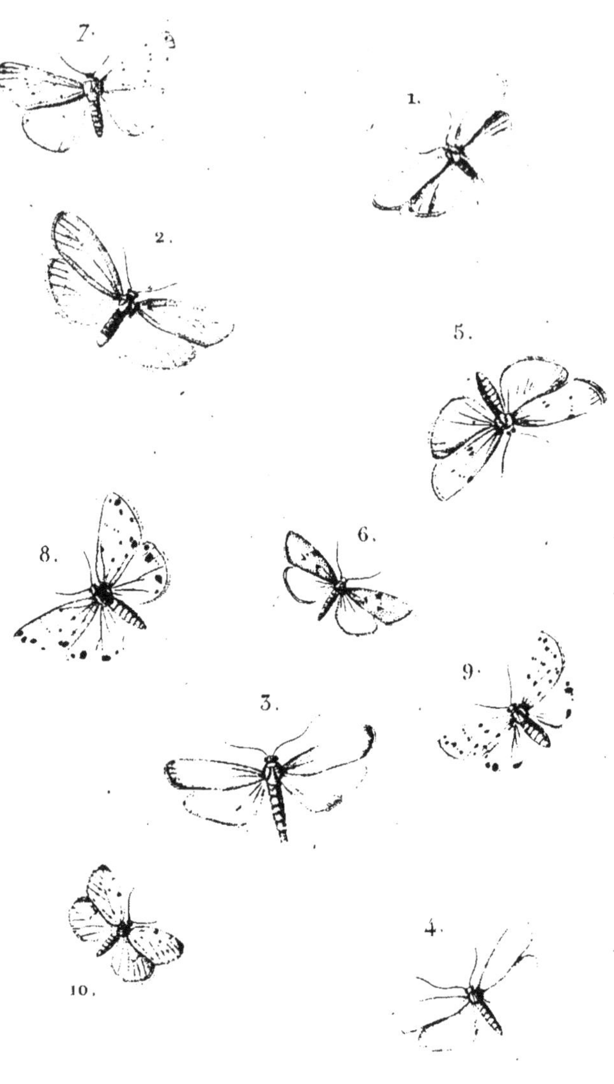

1. Lithosia Luteola.   6. Lithosia Rufeola.
2.   Aureola.   7.   —   Flavicans.
3.   Unita.   8.   —   Kuhlweinii *mâle.*
4.   Lacteola.   9.   *id*   *femelle.*
5.   Muscerda.   10. Nudaria Senex.

5. LITHOSIA DEPRESSA. Pl. 57, fig. 7.

Alis cinereo-fuscis, anticarum costa, omnium fimbria, collari capiteque luteis.

Boisd., *Ind. meth.*, p. 40.
Ochs., *Schmett. von Europ.*, IV, p. 132, n° 4.
Bombyx depressa. Borkh., *Europ. schmett.*, III th., S. 246, n° 79, B.
Noctua depressa. Esp., *Schmett.*, IV th., tab. 93, Noct. 14, fig. 3.
Setina depressa. Schrank, *Faun. Boic.*, 2, B. 2, abth. S. 166, n° 7.
Bombyx ochreola. Hubn., Bomb., tab. 23, fig. 96.

Elle est à-peu-près de la taille de *Complana*. Ses quatre ailes sont d'un gris-obscur à reflet très légèrement violàtre. Les supérieures ont la côte et la frange d'un jaune un peu fauve, et cette couleur s'étend sur la tête et le collier. Les ailes inférieures sont un peu plus claires que les supérieures, particulièrement sur leur disque, avec la frange du même jaune. Le corps est noirâtre.

Le dessous des ailes est à-peu-près comme le dessus ; mais le bord antérieur des secondes est un peu jaunâtre, et leur centre est marqué d'une lunule de la même couleur, souvent peu visible.

La femelle est un peu plus grande que le mâle, et le fond de sa couleur est un peu plus obscur.

Cette espéce est assez rare dans les collections. Elle se trouve dans les bois de pins de plusieurs parties de l'Allemagne.

6. LITHOSIA HELVEOLA. Pl. 57, fig. 8.

Alis luteo-lividis extimo obscure cinereis ; basi apiceque costæ, fimbria, capite thoraceque fulvis vel luteo-subfulvis.

Boisd., *Ind. meth.*, p. 40.
Ochs., *Schmett. von Europ.*, IV, p. 133, n° 5.
Bombyx helveola. Hubn., Bomb., tab. 23, fig. 95.
Setina deplana. Schrank, *Faun. Boic.*, 2, B. 2, abth. S. 116, n° 6.
Bombyx deplana. Bork., *Europ. schmett.*, III th., S. 245, n° 78.
Le manteau livide. Ernst, Pap. d'Europe, pl. 218, fig. 302.

Elle a à-peu-près le port d'*Aureola* et la taille de *Caniola.* Ses quatre ailes sont en dessus d'un jaune-nankin sale à reflet un peu grisâtre, avec l'extrémité plus obscure, et la frange d'un jaune un peu fauve. Les supérieures ont en outre la côte bordée de fauve; mais, chez cette espéce, cette couleur est plus fondue avec la teinte générale que dans la plupart des précédentes, sur-tout dans son milieu. Les inférieures ont ordinairement la bordure plus large que les supérieures. Le corselet et la tête sont du même fauve que la base et l'extrémité de la côte. Le corps est d'un jaune-fauve, un peu grisâtre à sa base en dessus.

Le dessous des ailes de devant est d'un cendré plus ou moins obscur, avec la côte et la frange jaunes.

Le dessous des inférieures est jaunâtre et dépourvu de là bordure obscure du dessus.

Le mâle a les antennes légèrement pectinées.

Nous avons vu quelques individus de ce dernier chez qui la bordure de l'extrémité était presque nulle aux quatre ailes.

Elle se trouve en Suisse et dans quelques contrées de l'Allemagne. M. Graslin l'a découverte en Touraine.

Voyez, pour la description de la chenille, notre *Iconographie des Chenilles d'Europe.*

7. LITHOSIA UNITA. Pl. 58, fig. 3.

Pallide lutea anticarum costa, omnium radice fimbriæ, thorace ab-dominisque apice luteo-fulvis; alis anticis subparallelis angustio-ribus, subtus fuscis costa apiceque luteis.

Boisd., *Ind. meth.*, p. 40.
Ochs., *Schmett. von Europ.*, IV, p. 135.
Hubn., Bomb., tab. 51, fig. 221, et tab. 23, fig. 93.
Noctua unita. Wien. Verz., S. 68, fam. C, n° 2.
Tinea lutarella. Fab., *Ent. Syst.*, III, 2, 292, 23.

Elle est un peu plus grande que *Complana*, et ses ailes su-périeures sont un peu plus étroites et plus parallèles. Les quatre ailes sont d'un jaune-nankin pâle et uniforme, avec le bord terminal et une partie de la frange d'un jaune un peu plus foncé. Les supérieures sont étroites, parallèles, avec le bord de la côte d'un jaune un peu fauve. Le dessus de la tête, le collier, sont aussi d'un jaune fauve. Le corselet, les épau-lettes et une partie du corps sont du même ton que les ailes. L'extrémité de l'abdomen, le ventre et les pattes sont d'un jaune d'ocre. Les antennes sont d'un gris brunâtre.

Le dessous des ailes supérieures est d'un gris noirâtre, avec la côte et l'extrémité d'un jaune d'ocre pâle.

Le dessous des inférieures paraît un tant soit peu plus pâle que le dessus, avec le bord interne lavé de gris noirâtre, et la côte lisérée de jaune. Dans quelques individus l'on aperçoit sur cette partie noirâtre, au-dessus de la nervure médiane, un point jaunâtre très peu distinct.

Elle se trouve en Italie, en Autriche et dans le midi de la France ; mais elle est assez rare par-tout.

8. LITHOSIA GILVEOLA.

Alis anticis luteis, subtus cinereis; posticis utrinque pallide luteis.

Boisd., *Ind. meth.*, p. 40.
Ochs., *Schmett. von Europ.*, IV, p. 137, n° 7.
Bombyx cinereola. Hubn., Bomb., tab. 23, fig. 91.

Cette espèce étant très voisine d'*Unita*, nous ne l'avons pas fait représenter sur nos planches, parceque la meilleure figure rendrait moins bien les différences que notre description

Elle a tout-à-fait le port et la taille d'*Unita*. Ses ailes supérieures sont à-peu-près semblables, c'est-à-dire d'un jaune nankin, avec le bord de la côte liséré de jaune un peu fauve. La tête et le corselet sont aussi d'un jaune qui tire sur le fauve.

Le dessous des ailes supérieures est d'un gris obscur, avec l'extrémité et le bord de la côte d'un jaune d'ocre.

Les ailes inférieures sont d'un jaune pâle de part et d'autre ; mais en dessous leur bord antérieur est souvent lavé de gris.

Les antennes sont d'un jaune d'ocre, avec l'extrémité grisâtre.

Le corps est d'un jaune fauve, avec la base un peu obscure en dessus.

Elle se trouve dans l'est de la France et dans plusieurs parties de l'Autriche et de l'Allemagne. Elle est moins rare qu'*Unita*.

Voyez, pour la description de la chenille, notre *Iconographie des Chenilles d'Europe.*

9. LITHOSIA VITELLINA. Pl. 57, fig. 9 et 10.

Alis maris ochraceis; posticis ad marginem anteriorem nigrescentibus; anticis costa tenuissima fulva; alis anticis feminæ pallide cinereis, posticis pallide luteis.

Elle est très voisine de la *Luteola*, mais elle est un tant soit peu plus grande, et ses ailes supérieures sont sensiblement moins étroites.

Le mâle est à-peu-près de la même teinte que le sexe correspondant de *Luteola*, avec le bord de la côte un peu plus vif.

Les ailes inférieures sont aussi à-peu-près comme celles de *Luteola*, avec le bord antérieur un peu moins largement noir.

La tête et le corselet sont d'un jaune fauve. L'abdomen est grisâtre, avec l'extrémité d'un jaune fauve dans les deux sexes.

Le dessous des ailes supérieures est d'un gris noirâtre, avec la côte et l'extrémité d'un jaune fauve.

Le dessous des ailes inférieures est à-peu-près comme le dessus, avec une lunule centrale, jaunâtre, située sur la partie obscure, et souvent un peu visible du côté opposé.

La femelle, ou au moins l'*individu* que nous considérons comme telle, est un tiers plus grand. Ses ailes supérieures sont par la teinte presque semblables à celles de *Caniola*, avec le bord de la côte très légèrement liséré de fauve.

Les ailes inférieures sont de part et d'autre d'un jaune très pâle et sans taches. Les épaulettes sont de la couleur des ailes supérieures. Le collier et la tête sont d'un jaune fauve.

Elle se trouve çà et là, mais assez rarement, dans le midi et dans le centre de la France. M. le baron Wimmer m'a envoyé un mâle et une femelle qui ont, je crois, été pris en Hongrie.

Voyez la figure et la description de la chenille dans notre *Iconographie des Chenilles d'Europe*.

14

10. LITHOSIA LUTEOLA. Pl. 58, fig. 1.

Alis ochraceo-luteis, anticis angustis; posticis ad marginem anterio-rem nigrescentibus vel nigrescenti radiatis ; abdomine nigricanti postice luteo.

Boisd. , *Ind. meth.* , p. 40.
Ochs. , *Schmett. von Europ.*, IV, p. 138, n° 8.
Bombyx luteola. Hubn. , Bomb. , tab. 23 , fig. 92. Borkh.
Noctua luteola. Wien. Verz. , S. 68, fam. C, n° 3.
Tinea lutarella. Linn. , *S. N.*, I, 2, 886, 355.—Schw. , Mull.
Lithosia lutea. Fab. , *Ent. Syst.* , Suppl. , 461 , 11.
Setina luteola. Schrank , *Faun. Boic.*, 2 , B. 2 , abth. , n° 3.
Le jaunet. Ernst, Pap. d'Europe, pl. 218, fig. 300, *a*, *b*, *c*.

C'est une des plus petites espéces. Ses ailes supérieures sont plus étroites et plus paralléles que dans aucune autre. Le fond de leur couleur est d'un jaune-paille foncé, brillant et uniforme. Les ailes inférieures sont d'un jaune un peu plus ochracé et moins brillant, avec le tiers antérieur environ d'une couleur noirâtre, qui se fond insensiblement avec le jaune. Quelquefois la teinte noirâtre occupe un peu moins d'espace, ou est divisée dans le sens de sa longueur par un rayon de la couleur du fond.

La tête et le corselet sont de la couleur des ailes supérieures. L'abdomen est noirâtre, avec l'extrémité du même jaune que le corselet.

Le dessous des ailes supérieures est noirâtre, avec la côte, le bord postérieur et l'extrémité bordés de jaune. Le dessous des ailes inférieures est à-peu-près comme le dessus, mais la partie noirâtre est plus souvent rayonnée. La poitrine est noirâtre, ainsi que les cuisses et les jambes antérieures. Les antennes sont d'un gris noirâtre.

La femelle est ordinairement un peu plus pâle que le mâle, et ses ailes supérieures offrent quelquefois une teinte noirâtre comme les inférieures.

Elle se trouve dans plusieurs contrées de l'Allemagne ; mais je ne suis pas certain qu'elle ait encore été prise en France.

11. LITHOSIA AUREOLA. Pl. 58, fig. 2.

Alis anticis fulvis, subtus disco fusco; posticis utrinque pallide luteis.

Boisd., *Ind. meth.*, p. 40.
Ochs., *Schm. von Europ.*, IV, p. 140, n° 9.
Bombyx aureola. Hubn., Bomb., tab. 24, fig. 98.
Noctua unita. Esp., *Schmett.*, IV th., tab. 93, Noct., 14,
  fig. 6, 7.
Noctua luteola. Vieweg, tab. verz. 2, h. S. 9.
Bombyx unita. Borkh., *Europ. schm.*, III th., S. 246, n° 80.
Setina unita. Schrank, *Faun. Boic.*, 2, B. 2 abth. S. 115, n° 2.
Le manteau jaune. Geoff., *Hist. des Ins.*, t. II, p. 192,
  n° 24.
Ernst, Pap. d'Europe, pl. 218, fig. 299, *a, b, c.*
Callimorphe jaunette. God., Pap. de France, t. IV, pl. 40,
  fig. 5.

Elle est un peu plus petite que la *Griseola,* mais elle a presque le même port.

Ses ailes supérieures sont d'un jaune-fauve brillant, plus intense que dans aucune autre espèce européenne, beaucoup moins étroites que dans la *Complana,* et tout-à-fait de la forme de celles de la *Griseola.*

Les ailes inférieures sont de part et d'autre d'un jaune-nankin pâle.

La tête et le corselet sont de la couleur des ailes supérieures.

L'abdomen est grisâtre, avec l'extrémité un peu fauve.

Le dessous des ailes supérieures est un peu plus pâle que le dessus, avec le disque d'un gris noirâtre.

Les antennes sont d'un gris noirâtre.

La femelle ressemble complétement au mâle.

Elle se trouve à la fin d'avril et au commencement de mai en France et en Allemagne.

Elle est commune aux environs de Paris.

Voyez, pour la description de la chenille, notre *Iconographie des Chenilles d'Europe.*

14.

12. LITHOSIA MUSCERDA. Pl. 58, fig. 5.

Alis cinereis, anticis puncto medio strigaque punctorum abbreviata nigris.

> Boisd., *Ind. meth.*, p. 40.
> Ochs., *Schm. von Europ.*, IV, p. 143, fig. 11.
> *Bombyx muscerda.* Hubn., Bomb., tab. 24, fig. 105.
> *Noctua pudorina.* Esp., *Schm.*, IV th., tab. 196, Noct. 47, fig. 4.
> *Lithosia perla.* Fab., *Ent. Syst.*, Suppl., 462, 14.
> Borkh., *Europ. schm.*, III th., S. 250, n° 83, B.

Elle a le port et la taille de la *Depressa*. Ses ailes supérieures sont d'un gris de perle, quelquefois à reflet blanchâtre vers la côte. Leur milieu est marqué d'un ou de deux petits points noirs, précédés en dehors d'une rangée oblique de trois ou quatre points de la même couleur.

Les ailes inférieures sont d'un gris-cendré pâle de part et d'autre.

La tête et le corselet sont de la couleur des ailes supérieures. L'abdomen participe de celle des ailes inférieures.

Le dessous des ailes supérieures est entièrement d'un gris obscur.

Les pattes sont d'un gris pâle, ainsi que les antennes.

La femelle ne diffère pas sensiblement du mâle.

Elle se trouve en Saxe, en Prusse et dans quelques autres contrées de l'Allemagne. M. Grüner, qui a eu la bonté de m'en envoyer plusieurs exemplaires des deux sexes, m'a assuré qu'elle n'était pas très rare aux environs de Leipsig. M. Rambur en a pris un individu en Touraine.

13. LITHOSIA RUFEOLA. Pl. 58, fig. 6.

Alis anticis pallide cinereis, atomis minutissimis sparsis punctisque mediis fuscis; posticis albido-sublutescentibus.

RAMBUR, *Lépid. de Corse,* in *Ann. de la Sociét. Ent.* (1832), p. 71, pl. 8, fig. 12.
Callimorphe mésogone? GOD., Pap. de France, t. IV, pl. 40, n° 6.

Elle est à-peu-près de la taille de la *Serva.* Ses ailes supérieures sont d'un gris blanchâtre, très finement saupoudrées de noirâtre, traversées vers le milieu par une bande oblique, paraissant formée de quatre points noirs réunis deux à deux, et marquées, un peu au-delà du milieu, de deux autres points noirâtres qui se prolongent pour s'unir en un angle aigu.

Les ailes inférieures sont blanchâtres, très faiblement teintées de jaunâtre.

Le dessous des supérieures est d'un gris obscur, avec les bords plus pâles. Celui des inférieures est semblable au dessus, avec le bord antérieur grisâtre.

La tête, les palpes et les antennes sont un peu roussâtres; ces dernières sont légèrement ciliées. Le corps est grisâtre, avec le ventre un peu plus pâle.

Décrite sur un individu mâle trouvé en Corse au mois de mai par M. Rambur.

Je n'ai jamais vu en nature l'individu figuré par Godart sous le nom de *Callimorphe mésogone;* mais je pense que la *Lithosia Rufeola* n'en est qu'une variété, chez laquelle la bande noire est interrompue.

GENRE SETINA. Schrank, Steph.

LITHOSIA, Ochs., Boisd., *Ind. meth.; CALLIMORPHA*, Lat. God.

Chenilles garnies de petits faisceaux de poils implantés sur des tubercules saillants. Chrysalide assez courte, un peu ventrue, à anneaux immobiles. *Insecte parfait :* tête petite, assez saillante; antennes des mâles ciliées; spiritrompe cornée à filets réunis; abdomen assez grêle; ailes en toit, toujours beaucoup plus grandes et plus développées dans les mâles que dans les femelles.

Les *Setina* diffèrent des *Lithosia* par leurs ailes plus larges, moins parallèles, en toit, non croisées sur le dos. Les femelles sont toujours plus petites que les mâles, et quoique leurs ailes ne puissent pas être regardées comme impropres au vol, elles en font rarement usage. Les insectes de ce genre voltigent lourdement dans les allées herbeuses ou dans les prairies des montagnes, et sont ordinairement très faciles à prendre.

Nos espèces d'Europe se partagent en deux groupes.

Celles dont les quatre ailes sont fauves, avec des points noirs ou des lignes longitudinales de la même couleur, constituent le premier.

Celles dont les ailes supérieures sont obscures, avec le disque des inférieures jaune, forment le second.

L'Europe et l'Amérique septentrionale sont jusqu'à présent les seules contrées, à notre connaissance, où l'on trouve de véritables *Setina*.

1. SETINA FLAVICANS. Boisd. Pl. 58, fig. 7.

Alis flavis, anticis punctis minutis nigris trifariis; abdomine flavo; collari luteo-fulvo.

Elle a tout-à-fait le port et la taille d'*Irrorea ;* mais le fond de sa couleur est d'un jaune-paille vif et brillant, et non d'un jaune fauve. Les ailes supérieures offrent trois rangées transverses de points noirs, plus petits, presque disposés de la même manière.

Les ailes inférieures sont sans taches et d'un ton plus pâle que les supérieures.

Dans un individu, leur bord antérieur est marqué près de la frange d'un petit point noir.

Le corselet est de la couleur des ailes supérieures. Le collier est un peu fauve.

L'abdomen est entièrement jaune et non pas noir, avec l'extrémité fauve.

Le dessous des quatre ailes est un peu plus pâle que le dessus.

Les pattes sont jaunâtres. Les antennes sont d'un jaune pâle.

La femelle est un tiers plus petite que le mâle, avec les points un peu plus marqués.

Je ne possède que deux individus de cette espéce, un mâle pris dans le département de l'Aude, aux environs de Castelnaudary, et une femelle trouvée dans les Pyrénées. M. Chardiny m'a communiqué un second individu mâle parfaitement frais, pris par lui aux environs de Lyon.

2. SETINA KUHLVEINII. Treitschke. Pl. 58, fig. 8 et 9.

Alis fulvis, anticis punctis nigris trifariis; posticis ad apicem maculis nigris; abdomine toto luteo.

Lithosia aurita. Var. ? Boisd., *Ind. meth.*, Suppl., p. 3.
Bombyx Kuhlveinii. Gey., Suppl. à Hubn., Bomb.

Elle a le port et la taille d'*Aurita*, à laquelle elle ressemble beaucoup au premier coup d'œil, mais moins encore qu'à la *Roscida*. Elle est, du reste, bien distincte de l'une et de l'autre par son abdomen, qui est d'un jaune fauve. Ses ailes supérieures sont d'un jaune fauve plus vif que chez la *Roscida*, mais un peu moins brillant que chez l'*Aurita*. Elles sont marquées de même de trois rangées transverses de points noirs, dont les postérieurs beaucoup plus gros. Les ailes inférieures sont marquées sur le bord, près de la frange, comme dans la *Roscida*, de quelques taches noires inégales.

La tête, le corselet et l'abdomen sont entièrement d'un jaune fauve.

Le dessous des quatre ailes est fauve, avec des taches noires marginales. Celui des supérieures offre en outre quelquefois, en transparence, les traces des deux premières rangées de points. Les pattes sont fauves. Les antennes du mâle sont obscures ; celles de la femelle sont jaunâtres. Celle-ci est beaucoup plus pâle, un tiers plus petite, avec les points disposés de même.

Cette jolie espèce a été découverte dans le nord de l'Allemagne il y a quelques années, et dédiée à feu M. Kuhlvein, de Francfort-sur-l'Oder, possesseur d'une riche collection de lépidoptères. J'en possède quatre individus, dont une paire m'a été envoyée par M. Treitschke, et l'autre par M. le baron Wimmer.

GENRE NUDARIA. Steph.

LITHOSIA, Ochs., Boisd., *Ind. meth.*

Chenilles garnies de petits faisceaux de poils courts, aigrettés, implantés sur des tubercules saillants. Chrysalide courte, renflée au milieu. *Insecte parfait :* tête petite, spiritrompe assez longue; antennes filiformes à articles saillants, à peine ciliées dans les mâles; abdomen de la longueur des ailes inférieures; corps grêle; ailes courtes, larges, d'une consistance délicate; les supérieures un peu en toit; les inférieures plissées. Femelle aussi grande que le mâle.

Ce genre se distingue des précédents par la forme des antennes, par la largeur relative des ailes, etc.

Toutes les espéces à nous connues ont les ailes supérieures d'un cendré pâle presque transparent, marquées de raies sinuées et d'un point central plus obscurs, et les ailes inférieures blanchâtres.

Celles que nous possédons sont d'Europe ou de l'Amérique septentrionale.

NUDARIA SENEX. Pl. 58, fig. 10.

Alis anticis pallide cinereis, lividis, puncto medio strigisque tribus punctorum fuscis; posticis abidis puncto medio fusco.

Lithosia senex. Boisd., *Ind. meth.*, p. 41.
Ochs., *Schmett. von Europ.*, IV, p. 168, n° 23.
B. senex. Hubn., Bomb., tab. 55, fig. 236, 237.

Elle est un peu plus petite que la *Mundana.* Ses ailes supérieures sont un peu plus arrondies, d'un gris-pâle livide, marquées d'un point discoïdal brun et de trois rangées transverses de petits points de la même couleur. Les deux premières de ces rangées sont placées entre la base de l'aile et le point central, et sont souvent presque effacées; la troisième

2.   15

est courbe, située sur l'extrémité de l'aile, et les points qui la constituent sont alongés, et se prolongent sur les nervures. Outre cela, le sommet de l'aile est dans quelques individus un peu lavé de brunâtre.

Les ailes inférieures sont blanches, avec un point central brun.

Le dessous est blanchâtre, avec un point discoïdal sur le milieu de chaque aile.

Les antennes, les pattes, la tête et le corps sont d'un gris-cendré pâle.

La femelle ressemble au mâle.

Elle se trouve çà et là dans le centre et le nord de la France. Elle habite aussi plusieurs contrées de l'Allemagne.

CINQUIÈME TRIBU.

CHÉLONIDES, *CHELONIDES*.

CHÉLONIAIRES. Boisd., Olim.

Chenilles solitaires, très velues, à poils disposés en aigrettes sur tout le corps, vivant ordinairement de plantes herbacées, très vives pour la plupart, et courant avec beaucoup de vitesse. Chrysalide renfermée dans une coque de soie entremêlée des poils de la chenille. *Insecte parfait :* ailes en toit ; antennes des mâles le plus ordinairement un peu pectinées ou fortement ciliées ; celles des femelles, presque simples ou légèrement ciliées ; abdomen gros et peu alongé.

Cette tribu se distingue de la précédente, non seulement par les mœurs des chenilles et de l'insecte parfait, mais aussi par plusieurs caractères particuliers. Ici les ailes sont en toit, et non croisées sur le corps ; l'abdomen est gros et assez court, et non grêle et alongé, etc. Cependant les premiers genres ont encore une grande affinité avec ceux de la tribu précédente, les *Callimorpha* liant intimement ces deux familles, et appartenant presque autant à l'une qu'à l'autre. Certaines *Chelonia* au contraire se fondent presque insensiblement avec les *Liparis*.

Les Chélonides sont pour la plupart assez remarquables par les dessins sinueux de couleur vive qui ornent leurs ailes, ou par les taches et anneaux de différentes teintes dont leur abdomen est ordinairement marqué.

Cette tribu est répandue dans les deux continents, et les espéces qui la composent sont fort nombreuses.

GENRE CALLIMORPHA. Latreille.

EYPREPIA, Ochs. ; *ARCTIA*, Schrank ; *HYPERCOMPA*, Stephens.

Chenilles assez alongées, très vives, garnies de poils plus ou moins épais, se tenant souvent cachées une partie du jour sous les pierres ou sous les feuilles. Chrysalide renfermée dans une coque légère. *Insecte parfait :* tête petite ; palpes un peu plus courts que la tête, un peu écartés ; le dernier article cylindrique, un peu plus court que le second ; spiritrompe très sensible, roulée entre l'écartement des palpes ; antennes longues et sétiformes dans les deux sexes ; corselet proportionnellement assez petit, plutôt écailleux que velu ; abdomen cylindrique, de grosseur médiocre, dépassant un peu les ailes inférieures, toujours de la couleur des ailes inférieures ; ailes en toit, les inférieures un peu plissées.

Les *Callimorpha* offrent, par le dessin de leurs ailes, les mêmes caractères que la plupart des *Chelonia ;* mais elles en sont bien distinctes par leurs antennes sétiformes, leur corps cylindrique, leur corselet écailleux, etc.

Les espéces de ce genre habitent l'Europe et l'Amérique.

CALLIMORPHA DONNA. Pl. 59, fig. 1.

Alis anticis atro-cyaneis maculis albis unaque costali flava ; posticis nigris flavo maculatis ; abdomine toto atro-cyaneo.

> Boisd., *Ind. meth.*, p. 41.
> Esp., *Schm.*, IV, tab. 184, Noct. 105, fig. 4, IV th., 2, B. 2 ab., S. 3 et 19.
> *Bombyx persona.* Hubn., Beit., II, B. 4, th. IV, tab. V, S. 97, U. 128.

Elle a tout-à-fait le port et la taille de *Dominula,* et elle ressemble beaucoup à la variété de cette dernière, à ailes inférieures jaunes.

Ses ailes supérieures sont d'un noir profond, à reflet ver-

1. Callimorpha Donna.   4. Chelonia Flavia.
2. Chelonia Lapponica.   5. ————— Latreillii.
3. ————— Dejeanii.

P. Dumenil pinx & dir.

dâtre, comme chez *Dominula*, avec les taches disposées à-peu-près de la même manière. Les deux costales du milieu sont de même teintées de jaune ; la tache blanche située sous la nervure médiane est plus petite ; la tache la plus inférieure de l'angle anal est réduite à un très petit point ; les deux petits points placés entre la côte et le sommet manquent ; la tache jaune située sur le bord interne de l'aile près de la base manque aussi complétement.

Les ailes inférieures sont noires, un peu opaques, avec une tache jaune, basilaire, trifide, et deux ou trois autres taches de la même couleur, dont une ou deux plus petites sur le bord marginal.

Le dessous des quatre ailes offre à-peu-près les mêmes caractères que le dessus.

Le corselet est de la couleur des ailes supérieures, tantôt sans taches, et tantôt avec deux petites lignes jaunes comme chez *Dominula*.

L'abdomen est d'un bleu noir.

La femelle ne diffère en rien du mâle.

Cette jolie *Callimorpha* se trouve en Italie, aux mêmes époques que la *Dominula*; elle n'est pas très rare en Toscane, sur-tout aux environs de Florence.

Cette espéce se distingue de la *Dominula* aux ailes jaunes, en ce que ses ailes inférieures sont noires avec quelques taches jaunes, et non pas jaunes, avec une partie du bord extérieur noir ; en ce que l'abdomen est entièrement d'un bleu noir, et non jaune avec une raie dorsale noire, etc. D'un autre côté, la *Dominula* jaune est aussi rare que la variété correspondante de *Hera*, et toutes les *Donna* que nous avons vues (et nous en avons vu beaucoup) étaient semblables à celle que nous avons figurée. Il se pourrait cependant qu'elle ne fût qu'une modification locale, parceque, dans un des nombreux exemplaires qui nous ont passé sous les yeux, nous avons vu un individu chez lequel on remarquait sur les parties latérales de l'abdomen quelques légères traces de taches jaunes. Espérons que M. le docteur Passerini, de Florence, qui en prend chaque année un certain nombre, nous fera connaître la chenille, et nous mettra à même de décider si c'est une espéce ou une variété de *Dominula*.

Remarque. Ochsenheimer a décrit sous le nom de *Clymene* une *Callimorpha* figurée par Esper sous le même nom, et par Hubner sous celui de *Colona*, comme espéce européenne, en lui assignant pour patrie la Valachie et l'Italie ; mais il en est de cette espéce comme de l'*Ajax*, elle n'a jamais été trouvée ailleurs que dans l'Amérique septentrionale.

Voyez notre *Iconographie des Lépidoptères et des Chenilles de l'Amérique septentrionale.*

GENRE TRICHOSOMA. Rambur.

CHELONIA, Boisd., *Ind. meth.; EYPREPIA*, Ochs.; *ARCTIA*, Schrank.

Chenilles alongées, très vives, garnies de poils médiocrement fournis. Chrysalide courte, épaisse, à articulations soudées et immobiles, renfermée dans une coque lâche et petite. *Insecte parfait :* tête petite ; palpes cylindriques, médiocrement longs, très velus ; spiritrompe disjointe à l'extrémité ; corselet et abdomen très velus ; antennes des mâles pectinées ; ailes des femelles avortées et impropres au vol.

Par leur chenille et leur métamorphose, les *Trichosoma* se rapprochent beaucoup des *Chelonia* du groupe de *Mendica ;* mais l'insecte parfait offre assez de caractères pour constituer un genre propre. Les espéces sont peu nombreuses, et je ne connais jusqu'à présent que les deux suivantes.

1. TRICHOSOMA CORSICUM. Pl. 60, fig. 7, 8 et 9.

Alis anticis nigris albido-roseo vel fulvescente rivulosis ; posticis fulvis nigro maculatis ; femina subhemiptera.

Ramb., *Lépid. de Corse,* in *Ann. de la Sociét. Ent.* 1832.

Moitié plus petite que la *Chelonia Plantaginis ,* à laquelle elle ressemble un peu par le dessin.

Les ailes supérieures sont noires, traversées par plusieurs lignes sinueuses, d'un blanc rosé ou d'un jaune blanchâtre, souvent anastomosées les unes avec les autres.

Les ailes inférieures sont d'un jaune fauve, avec une bande marginale, noire, maculaire, formée de taches plus ou moins rapprochées et confondues; elles offrent en outre deux ou trois lignes longitudinales et un arc discoïdal de la même couleur.

Le dessous des ailes est d'un jaune un peu fauve, avec des

bandes et des taches noirâtres correspondant au dessin du dessus.

La femelle est très différente du mâle. Ses ailes sont rudimentaires, velues, d'une couleur jaunâtre pâle, avec quelques taches noirâtres plus ou moins marquées.

Le thorax et l'abdomen sont très velus, noirâtres. L'abdomen de la femelle est gros, d'un gris roussâtre, avec l'anus fauve.

Il se trouve dans l'île de Corse, où le mâle voltige rapidement, à l'ardeur du soleil, à la recherche de sa femelle, depuis la fin de mars jusqu'au commencement de mai.

Voyez, pour la description de la chenille, notre *Iconographie des Chenilles d'Europe*.

2. TRICHOSOMA, PARASITUM. Pl. 60, fig. 5 et 6.

Alis murinis anticis maculis longitudinalibus, interruptis, atris; posticis immaculatis; femina alis imperfectis.

> *Chelonia parasita.* Boisd., *Ind. meth.*, p. 43.
> *Eyprepia parasita.* Ochs., *Schmett. von Europ.*, IV, p. 345, n° 23.
> *Bombyx parasita.* Hubn., tab. 33, fig. 146, et tab. 53, fig. 228.
> Esp., *Schm.*, III th., tab. 92, cont. 12, fig. 1-7.
> *Écaille parasite.* God., Pap. de France, IV, pl. 36, fig. 1 et 2.

Il est de la taille de *Chelonia Mendica*. Ses quatre ailes sont d'un gris pâle, un peu rosé dans les exemplaires frais. Les supérieures sont marquées de trois rangées de taches longitudinales alongées, et presque réunies en lignes continues dans certains individus.

Les ailes inférieures sont sans taches et d'un ton un peu différent des supérieures.

Le corselet est gris, ou d'un gris un peu rosé, avec une raie noire sur chaque ptérygode. Le prothorax est d'un gris jaunâtre ou un peu rosé, marqué de deux petites taches noires. Les antennes sont noirâtres.

Le dessous des ailes est gris ; celui des supérieures offre l'empreinte du dessin du dessus, et celui des inférieures une tache noirâtre vers la côte.

Le dessus de l'abdomen est couvert de longs poils serrés semblables à ceux du corselet. Le dessous du corps est mélangé de poils noirâtres.

La femelle diffère beaucoup du mâle. Ses quatre ailes sont à moitié avortées, marquées de taches noires légèrement cernées de blanchâtre. Les poils qui recouvrent son abdomen sont encore plus épais, et souvent d'une teinte un peu rougeâtre. Les taches du prothorax et des ptérygodes sont comme dans le mâle.

Le dessous de ses quatre ailes est semblable au dessus.

16

Cette espéce éclôt en mars et avril, et se trouve en Hongrie, en Autriche. Elle habite aussi les montagnes du Valais, où elle a été découverte en 1830 par M. Anderregg de Gamsen. Elle est rare et manque encore à beaucoup de collections.

Voyez la description et la figure de la chenille dans notre *Iconographie des Chenilles d'Europe*.

GENRE CHELONIA. Latr., God., Boisd.

EYPREPIA, Ochs. ; *ARCTIA*, Schrank ; *EUTHEMONIA*, *ARCTIA*, *NEMEOPHILA*, *PHRAGMATOBIA*, *SPILOSOMA* et *DIAPHORA*, Stephens.

Chenilles solitaires, très vives, garnies de poils raides, épais, aigrettés sur tout le corps. Chrysalide obtuse renfermée dans une coque entremêlée de quelques poils. *Insecte parfait :* tête assez petite, un peu retirée sous le prothorax ; antennes tantôt pectinées, ciliées, dentées, et tantôt presque filiformes ; palpes courts, formant un petit bec court, dirigé en avant et par en bas ; spiritrompe presque membraneuse à filets disjoints ; corselet couvert de poils soyeux assez denses ; abdomen velouté, gros, cylindroïde, au moins aussi long que les ailes inférieures, ordinairement de couleur vive, et marqué de taches ou d'anneaux noirs ; ailes en toit et complètes dans les deux sexes.

Les *Chelonia* (écailles), ainsi nommées de ce que la plupart sont tachetées comme l'écaille des tortues, sont toutes remarquables par un *facies* particulier, qui au premier coup d'œil les fait distinguer des *Bombyx*. Tantôt leurs ailes supérieures sont marquées de rivulations ou de raies sinueuses anastomosées ; tantôt de petits points plus ou moins nombreux ou de raies longitudinales ; quelquefois elles sont sans taches, avec l'abdomen d'une teinte différente, ou marqué d'une ou de plusieurs rangées de petites taches ; tantôt le collier ou les pattes sont seuls de couleurs vives, etc. Leur vol est lourd, et presque toujours nocturne. Il n'y a guère que quelques mâles qui fassent usage de leurs ailes pendant la chaleur de la journée.

Ce genre est très nombreux, et il se trouve dans toutes les parties du monde. Il se compose d'une infinité de groupes, dont plusieurs devront probablement former des genres particuliers. Parmi nos espèces d'Europe, celles appelées *Fuliginosa, Urticæ, Menthastri, Luctifera, Lubricipeda, Mendica,* constituent une section qui diffère assez de *Caja,* et espéces voisines, pour former un genre propre. Il en est de même de *Russula*.

Je n'ai point adopté le nom d'*Eyprepia* d'Ochsenheimer, parceque celui d'ÉCAILLE, créé par Geoffroy, est beaucoup plus ancien. Je réserve celui d'*Eyprepia* pour des espéces exotiques.

1. CHELONIA LATREILLII. Pl. 59, fig. 5.

Alis anticis nigris albido - roseo fasciato - rivulosis; posticis rubro-roseis fascia marginali lunulaque media nigris ; abdomine imma-culato.

> Boisd., *Ind. meth.*, p. 42.
> God., Pap. de France, **IV**, pl. 33, fig. 1.

Elle est à-peu-près de la taille de la *Maculosa*. Ses premières ailes sont d'un jaune-blanchâtre lavé de rose, avec des bandes ou taches noires irrégulières, au nombre de huit ou de neuf, dont une forme le plus ordinairement, près de la côte, une espéce d'U, qui renferme une petite tache noire.

Les ailes inférieures sont d'un rouge un peu rosé, avec une bande noire postérieure, qui remonte en pointe le long du bord abdominal. On remarque en outre sur le bord antérieur deux ou trois petites taches noires, cachées par le bord interne des premières ailes, et une lunule discoïdale de la même couleur.

Le dessous des quatre ailes est presque semblable au dessus pour le dessin.

Le corselet, la tête et le collier sont garnis de poils grisâtres. L'abdomen est d'un gris noirâtre, plus velu que dans les espéces congénères. Les antennes sont noirâtres, avec la tige grise.

Elle a été découverte en Espagne par M. le comte Dejean, et retrouvée depuis aux environs de Barcelonne par plusieurs entomologistes.

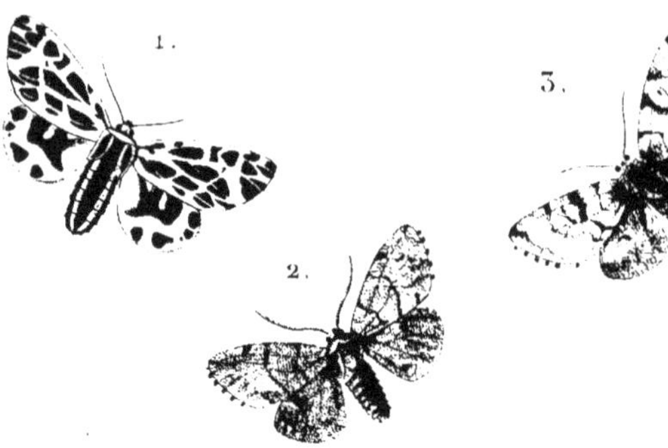

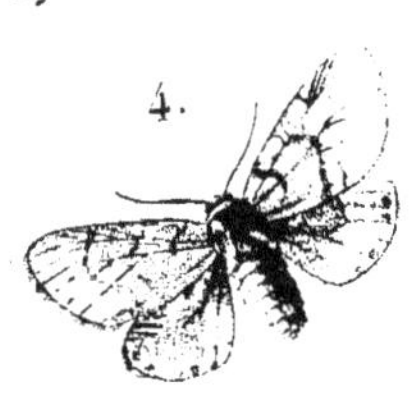

1. Chelonia Dahurica.
2. ———— Sordida *mâle.*
3. ———— *id.* Var.
4. ———— *id. femelle.*

5. Trichosoma Parasitum *mâle.*
6. ———— *id. femelle.*
7. ——— Corsicum.
8. ———— *id.* Var.
9. ———— *id. femelle.*

Remarque. Cette *Chelonia* a beaucoup de rapport avec les *Trichosoma*, et ce n'est pas sans quelque raison que M. Rambur, qui ne connaissait que le mâle, l'avait comprise dans ce genre ; nous l'eussions classée de même, si M. le colonel Feisthamel, qui a reçu de Barcelonne des chrysalides vivantes de cette espéce, ne nous eût assuré que la femelle était en tout semblable au mâle.

2. CHELONIA DAHURICA. Pl. 60, fig. 1.

Alis anticis albido-subroseis, maculis nigris sat numerosis triangula-
ribus, vel longitudinalibus; posticis rubris nigro maculatis; abdo-
mine subtus nigro supra rubro vitta dorsali atra.

Elle a beaucoup de rapport avec le *Bombyx Virgo* de Linnée et de Fabricius, et la description donnée par ces auteurs lui convient à merveille, quoiqu'elle se rapporte, à n'en pas douter, à une espéce voisine. Ses ailes supérieures sont d'un blanc lavé de rose comme dans *Pudica*, avec des taches noires triangulaires, assez nombreuses, plutôt disposées longitudinalement que transversalement. Outre cela, sur la moitié postérieure, la couleur blanche forme, comme dans *Virgo*, deux raies transverses qui se croisent en X.

Les ailes inférieures sont d'un rouge cinabre un peu rosé, marquées sur le disque d'une tache noire irrégulière, et sur le bord extérieur de trois ou quatre taches de la même couleur.

Le dessous des quatre ailes offre le même dessin que la face opposée, seulement les supérieures sont comme les inférieures d'un rouge rose.

Le corselet est de la couleur des ailes supérieures, avec une raie noire sur les épaulettes comme dans *Virgo*. L'abdomen est entièrement noir en dessous; en dessus il est d'un rouge rose, avec une raie médiane, longitudinale, noire, assez large.

Elle a été découverte en Sibérie par le professeur Gebler, qui cultive à Barnaoul toutes les branches de l'histoire naturelle avec un égal succès.

Je ne connais que la femelle.

Remarque. M. Chardiny, de Lyon, a eu l'obligeance de me communiquer une *Chelonia*, qui au premier coup d'œil paraît un peu voisine de celle que nous venons de décrire; mais, après l'avoir examinée attentivement, je crois qu'elle n'est qu'une variété de *Maculosa*, espéce qui varie beaucoup, surtout en Russie.

3. CHELONIA DEJEANII. Pl. 59, fig. 3.

*Alis anticis brunneo-subferrugineis, vitta flexuosa, antrorsum incur-
vata punctisque flavis; posticis flavis fimbria rubra, fasciis duabus
lunulaque media nigris.*

> Boisd., *Ind. meth.*, p. 42.
> God., Pap. de France, IV, pl. 34, fig. 2.

Elle a tout-à-fait le port et la taille de *Civica*, et il serait même
possible qu'elle n'en fût qu'une modification locale. Ses ailes
supérieures sont d'un brun-ferrugineux roussâtre, comme
dans *Civica*, avec une bande longitudinale flexueuse et des
points jaunes. La bande longitudinale est située entre la nervure médiane et le bord interne; puis elle se recourbe vers
l'extrémité pour gagner la côte, en envoyant une petite liture
vers l'angle interne. Entre cette bande et la côte, il y a une
tache et un petit point de la même couleur. Il y a aussi deux ou
trois petits points disposés transversalement près du sommet.

Le dessus des secondes ailes est d'un jaune d'ocre, avec la
frange rouge et six ou sept taches noires, dont deux réunies
en bande transverse entre la base et le milieu, une en forme
de lunule presque sur le disque, et les autres alignées sur
le limbe.

Le dessous des quatre ailes ressemble au dessus, mais il
est plus pâle et jaunâtre, comme dans *Civica*.

Le corselet est de la couleur des ailes supérieures, avec les
épaulettes bordées par une raie latérale jaune. L'abdomen
est d'un jaune un peu obscur, avec trois rangées de taches
noires, disposées comme dans *Civica*. La base des cuisses est
rouge. Les antennes sont ferrugineuses.

La femelle ressemble au mâle.

Elle se trouve en Espagne et dans le département des Pyré-
nées-Orientales. Elle est encore très rare dans les collections.

4. CHELONIA LAPPONICA. Pl. 59, fig. 2.

*Alis anticis fusco-ferrugineis, maculis fasciisque flavis fusco tenue
marginatis ; posticis basi fuscis apice luteis fascia sinuata submar-
ginali fusca ; capite rubro.*

> Boisd., *Ind. meth.*, p. 42.
> God., Pap. de France, IV, pl. 34, fig. 1.
> *Eyprepia Lapponica.* Ochs., *Schm. von Europ.*, IV, p. 315,
> n° 8.
> *Bombyx id.* Thumb., *Dissert. ent.*, pars II, p. 40.
> Acerbi. *Voy. au Cap-Nord*, pl. 15, n° 5, 6, vol. III.
> *Bombyx fertiva.* Borkh., *Europ. schm.*, III th., S. 191, n° 56·
> *Bombyx avia.* Hubn., Bomb., tab. 53, fig. 230, et tab. 57,
> fig. 247.

Elle a le port et la taille de *Civica ;* cependant elle est souvent un peu plus grande. Ses ailes supérieures sont d'un brun
rougeâtre avec des taches, puis une bande transverse jaunes,
très légèrement bordées de brunâtre. Les taches sont au
nombre de sept, quatre alignées sur la côte, et trois le long
du bord interne. La bande est très sinueuse, en forme de Z,
et s'étend de la côte au bord interne.

Les ailes inférieures ont la base noirâtre, avec la moitié
postérieure d'un jaune-d'ocre fauve. Cette dernière est en
outre marquée d'une bande transverse noirâtre, sinuée, continue, ou interrompue dans son milieu. La frange est rouge,
très étroite, quelquefois presque entièrement jaune.

Le dessous des quatre ailes ne diffère du dessus que parcequ'il est plus pâle, et parceque la côte de chaque aile est plus
rouge.

La téte est rougeâtre, avec les antennes brunes. Le collier
est brun, marqué d'une ligne transverse jaune. Le corselet
est d'un rouge brun, avec les épaulettes bordées de jaune.
L'abdomen est un peu velu, rougeâtre en dessous, d'un
rouge un peu jaunâtre sur les côtés, et noirâtre en dessus,

avec une raie dorsale rougeâtre plus ou moins marquée dans la femelle.

Le mâle ne diffère de la femelle qu'en ce que les taches des ailes inférieures sont à peine lisérées de noirâtre, et que le fauve des inférieures occupe plus d'espace. Ses antennes sont en outre noirâtres et pectinées.

Elle se trouve en Laponie, et est encore rare dans les collections.

La figure de Godart est peu exacte, et paraît avoir été faite d'après un individu défectueux.

5. CHELONIA FLAVIA. Pl. 59, fig. 5.

*Alis anticis nigris rivulis angustis albis; posticis flavis nigro macula-
tis; collari albo; abdomine rubro.*

> Boisd., *Ind. meth.*, p. 42.
> God., *Pap. de France*, IV, pl. 30, fig. 4.
> *Eyprepia id.* Ochs., *Schmett. von Europ.*, IV, p. 338, n° 19.
> *Phalæna id.* Fuessl., *A. Magaz.*, II, B. I, st. S. 70, n° 2,
>   tab. 1, fig. 11.
> Cram., *Pap. Exot.*, 397, O.
> Esp., *Schmett.*, III th., tab. 78, fig. 1.
> Borkh., *Eur. Schmett.*, III th., S. 171, n° 48.
> *Bombyx Virgo.* Hubn., Bomb., tab. 30, fig. 132.—Et Hubn.,
>   Suppl. par Geyer.

Elle a le port de *Caja*, mais elle est un tants oit peu plus petite.
Ses ailes supérieures sont d'un brun noir, avec plusieurs raies
blanches très étroites, disposées ainsi : la première traverse
l'aile en se fléchissant un peu de la côte au bord interne, et elle envoie le long de la nervure médiane une raie longitudinale, qui va
se perdre sous les épaulettes ; les deux postérieures se croisent
en formant un X, dont la branche externe et supérieure, qui
d'ordinaire s'étend jusqu'à la frange, s'unit quelquefois à un
arc blanc comme dans *Caja*. Dans d'autres cas, cet arc n'est
indiqué que par deux ou trois points. La frange est entièrement blanche.

Les ailes inférieures sont d'un jaune d'ocre, avec trois
taches noires, dont une plus petite et réinforme sur le disque,
et deux autres plus grandes près du bord supérieur.

Le dessous des quatre ailes offre le même dessin que le
dessus, seulement les raies transverses sont lavées de jaune
d'ocre près de la côte.

La tête est noire, avec les antennes brunes. Le collier est
blanc, très légèrement liséré de rouge en avant, et interrompu dans son milieu par une petite strie transversale de la
même couleur. Le corselet est de la couleur des ailes supé-

rieures. L'abdomen est rouge, avec quelques taches dorsales et l'extrémité noires. Les pattes sont noirâtres, avec les cuisses antérieures garnies de petits poils rouges.

Cette espéce est fort rare dans les collections; et je n'en ai pas vu d'autre exemplaire que celui qui fait partie de ma collection et que j'ai reçu de Sibérie. Fuessly a dit, et tous les auteurs ont répété depuis, qu'elle se trouvait aussi à Marschlins, dans le pays des Grisons. Quant à nous, nous doutons qu'elle habite la Suisse.

La figure que Godart a donnée de cette espéce est fort inexacte et copiée sur celle d'Hubner, qui n'est pas beaucoup meilleure; c'est sans doute cette raison qui a engagé M. Geyer à la représenter une seconde fois.

6. CHELONIA SORDIDA. Pl. 60, fig. 2, 3 et 4.

Alis cinereo-fuscis, feminæ *pallidioribus; anticis strigis tribus trans-
versis lunulaque media nigris; posticis lunula media nigricante; abdomine immaculato.*

> *Chelonia mendica, an var. sordida.?* Boisd., *Ind. meth.*, p. 34.
> *Bombyx sordida.* Hubn., tab. 34, fig. 151.
> Ochs., *Schm. von Europ.*, IV, *Ammerk.*, p. 354.

Elle a la taille et un peu le *facies* de *Mendica* mâle. Les
ailes supérieures du mâle sont d'un gris-noirâtre obscur, ou
d'un gris-obscur un peu jaunâtre, traversées par trois raies
noirâtres plus ou moins marquées, dont une arquée près de
la base, une presque droite sur le milieu, et la troisième sinueuse, convexe en dehors. Entre ces deux dernières raies,
il y a en outre un arc noirâtre, situé à l'extrémité de la cellule discoïdale, et une série marginale de points de la même
couleur placés sur la frange, et qui dans certains individus
sont précédés d'une petite raie plus obscure que la teinte
générale.

Les ailes inférieures sont un peu plus obscures que les supérieures, et marquées au centre d'une lunule noirâtre, et
quelquefois, sur le bord, d'une rangée de petites taches noirâtres presque effacées.

Le dessous des quatre ailes est gris, avec une lunule centrale noirâtre.

Le corselet est de la couleur des ailes supérieures. L'abdomen est sans tache, et participe de la teinte des secondes
ailes. Les antennes du mâle sont pectinées, noirâtres, avec
la tige blanchâtre.

La femelle est beaucoup plus pâle que le mâle, et ses ailes
sont légèrement transparentes, avec le dessin des supérieures
beaucoup moins apparent; ses ailes inférieures offrent, outre
la lunule centrale, quatre ou cinq petites taches marginales
alignées et noirâtres.

Cette espèce est rare, et manquerait encore à beaucoup de collections, si M. Anderregg, de Gamsen en Valais, qui a trouvé une femelle fécondée, n'en eût élevé plusieurs générations successives. Cependant elle n'est pas seulement propre au Valais ; M. Duponchel en a trouvé un individu dans le nord de l'Italie, il y a quatorze ou quinze ans, et M. Donzel m'a envoyé, il y a plusieurs années, en communication, sous le nom de *Chelonia Ginetti*, un mâle et une femelle pris dans le département des Basses-Alpes ou du Var.

Cette *Chelonia* s'éloigne un peu des espèces congénères, et semble se rapprocher plus qu'aucune autre des *Liparis*.

Remarque. M. Ménétriés, dans son *Catalogue raisonné des objets de Zoologie recueillis au Caucase*, décrit deux espèces nouvelles de ce genre ; l'une qu'il appelle *Rivularis* paraît voisine de *Menthastri* ; l'autre qu'il nomme *Caucasica* n'est pour nous qu'une variété locale de la *Plantaginis*, chez laquelle l'origine de la côte est plus rouge et les taches jaunâtres plus dilatées. Cette dernière nous a été envoyée par l'auteur.

Godart a figuré dans ses *Papillons de France*, tome IV, pl. 37, fig. 4, sous le nom de *Luxerii*, une *Chelonia* fort remarquable par ses ailes supérieures jaunes, à reflet rosé, ponctuées de noir et de rouge, et par ses inférieures d'un jaune soufre. Nous avons décrit cet individu dans notre *Index methodicus* ; mais, comme nous l'avons examiné depuis plus attentivement, nous croyons pouvoir le regarder comme une variété extraordinaire de *Menthastri*. Ce dernier auteur représente sur la même planche, une autre variété de *Menthastri* à lignes longitudinales noires. C'est un individu analogue que M. Curtis a donné dans son *Entomologie de l'Angleterre*, sous le nom de *Spilosoma Walkerii*.

Depuis la gravure de nos planches et l'impression des premiers genres de cette tribu, M. Rambur a rapporté d'Espagne une nouvelle espèce de *Trichosoma*, que nous décrirons dans notre Supplément.

SIXIÈME TRIBU.

LIPARIDES, *LIPARIDES.*

Chenilles velues à poils aigrettés, implantés sur de petits mamelons tuberculiformes; le premier tubercule latéral du segment antérieur un peu plus saillant, et portant ordinairement des poils plus longs que les autres, qui s'avancent en forme de moustaches ou d'antennes; le milieu du dos souvent garni de poils serrés et coupés en brosse; l'avant-dernier anneau portant souvent aussi un pinceau de poils alongés et dirigés en arrière en forme de queue; le neuvième et le dixième pourvus chacun d'une petite vésicule rétractile plus ou moins apparente. *Insecte parfait :* ailes en toit écrasé; corps des mâles beaucoup plus grêle que celui des femelles; antennes des mâles fortement pectinées; abdomen des femelles épais et peu alongé. Vol diurne chez la plupart des mâles.

Cette tribu a d'assez grands rapports avec la précédente. Les chenilles ont de même des poils étoilés disposés sur des tubercules; mais elles en diffèrent en ce qu'elles vivent pour la plupart sur les arbres, que leur marche est beaucoup plus lente, et que leur dos est muni de deux vésicules rétractiles.

Elle est répandue dans les différentes parties des deux continents, et renferme seulement trois genres européens, *Liparis, Orgya* et *Clidia.*

GENRE ORGYA. Ochsen., Boisd.

BOMBYX, Gon.; — *ORGYA, DASYCHIRA, DEMAS* et *LÆLIA*,
Stephens.

Chenilles ordinairement solitaires, assez fortement velues, garnies
sur le dos de faisceaux de poils coupés en brosse, et portant presque
toujours sur l'avant-dernier anneau un pinceau en forme de queue;
le premier segment pourvu de chaque côté d'un faisceau de poils
plus ou moins longs dirigés en avant. Chrysalide courte, obtuse,
plus ou moins velue, et renfermée dans un cocon soyeux. *Insecte
parfait:* tête petite retirée sous le prothorax; antennes fortement
pectinées dans les mâles, légèrement pectinées ou simplement
dentées chez les femelles; trompe très courte et rudimentaire;
palpes courts, droits, arrivant à peine au niveau du front; corselet
velu; abdomen souvent très grêle dans les mâles, toujours gros
et très épais dans les femelles; ailes en toit écrasé, toujours complètes chez les mâles; pattes antérieures dirigées en avant dans le
repos.

Les insectes de ce genre ont un assez grand rapport avec
les *Liparis* par les caractères de l'insecte parfait; mais ils en
diffèrent notablement par ceux de la chenille. Nos espèces
européennes se partagent naturellement en deux sections:
la première renferme celles connues vulgairement sous le
nom de *Pattes-étendues.* Chez celles-ci le mâle a le corps assez
épais, et l'abdomen garni, près de sa base, d'une ou deux
petites crêtes dorsales de poils coupés en brosse. Les chenilles sont épaisses et ont les faisceaux du premier segment
médiocrement alongés.
Dans la seconde section, le mâle est grêle et phaléniforme,
et vole en plein jour à l'ardeur du soleil. La femelle est épaisse
et ordinairement aptère. Dans la plupart des espèces, elle ne
sort pas même de son cocon, et l'accouplement et la ponte
ont lieu dans l'intérieur de celui-ci. Les chenilles ont ordinairement le premier segment, et quelquefois aussi les segments intermédiaires, ornés de longs faisceaux de poils,
écailleux et dilatés à leur extrémité.

Les *Orgya* sont médiocrement nombreuses ; l'Europe en compte jusqu'à présent quinze. L'Amérique septentrionale, le nord et le midi de l'Afrique et les Indes orientales en possédent aussi plusieurs espéces.

1. ORGYA CÆNOSA. Pl. 62, fig. 4 et 5.

Alis albidis, pedibus croceis; anticis maris *albido-subrufescentibus.*

TREITSCH.-OCHS, *Schmett. von Europ.*, X , Suppl.
BOISD., *Ind. meth.*, p. 47.
Bombyx cœnosa. HUBN., Bomb., 218.
FREYER , *Beit. Band.*, XX, heft. S. 34, tab. 116.
Arctia cœnosa. CURTIS. *Brit. entomol.*, II, pl. 68.
Lælia cœnosa. STEPH., *Ill. of Brit. entomol*, II, p. 63.

Le mâle est à-peu-près de la taille du *Liparis salicis ;* la femelle est un peu plus petite, et de la grandeur du *Liparis chrysorrhæa.*

Les ailes supérieures du mâle sont blanches, plus ou moins lavées de gris roussâtre, particulièrement vers la côte et le bord interne, avec la nervure médiane et ses principaux rameaux d'une couleur plus claire. Outre cela, on remarque souvent, entre la cellule discoïdale et l'angle externe, trois ou quatre points d'un brun noirâtre, plus ou moins marqués, quelquefois réunis. Les ailes inférieures sont blanches, ou d'un blanc très faiblement lavé de roussâtre. Le corselet participe de la couleur des ailes supérieures. L'abdomen est peu robuste et d'un blanc lavé de roussâtre. Les antennes sont noirâtres fortement pectinées, avec la tige blanchâtre. Le dessous des ailes supérieures est d'un gris roussâtre, avec le disque plus obscur. Le dessous des inférieures est un peu plus terne que le dessus. Les pattes et les palpes sont d'un jaune d'ocre.

Les quatre ailes de la femelle sont entièrement blanches et sans taches de part et d'autre ; mais leur couleur est moins éclatante que celle des *Liparis chrysorrhæa* et *auriflua.* Le corselet est garni de poils blancs. L'abdomen est épais et entièrement blanc. Les antennes sont noires, légèrement dentées, avec la tige blanche. Les pattes sont comme dans le mâle.

Cette espéce, regardée d'abord comme propre à l'Angleterre, a été retrouvée il y a quelques années aux environs de Berlin, et plus récemment dans le voisinage de Darmstadt. C'est de cette dernière localité que proviennent la plupart des individus qui sont actuellement dans les collections du continent.

Voyez la figure et la description de la chenille dans notre *Iconographie des Chenilles d'Europe.*

Nota. Cette espéce lie intimement les *Liparis* aux *Orgya*, et touche de très près au *V. Nigrum*, qui, du reste, lui-même appartient peut-être autant à ce dernier genre qu'au premier.

2. ORGYA ABIETIS. Pl. 62, fig. 3.

Alis albido-cinerascentibus, fusco irroratis; anticis strigis tribus unda-tis maculaque media V-formi fuscis.

Ochs., *Schmett. von Europ.*, IV, p. 212.
Boisd., *Ind. meth.*, p. 47.
Bombyx id. Hubn., Bomb., fig. 82, 83.
Beit., 1, B. 3 th., pl. 1, fig. A, 1, 2, 3.
Esp., *Schm.*, III th., tab. 82, cont.3, f. 1, et tab. 91, cont. 12,
     fig. 2.
Schrank, *Faun. Boic.*, 2, B. 1 abth. S. 265, 1445.
Borkh., *Eur. Schm.*, III th. S. 324, n° 121.
Bombyx du sapin. God., Pap. de France, IV, pl. 23, fig. 2, 3.

Elle a tout-à-fait le port et la taille de *Pudibunda*. Les premières ailes sont d'un gris blanchâtre plus ou moins aspergé de brun, particulièrement au milieu, avec trois raies transversales noirâtres fortement sinuées; savoir, une près de la base, fortement anguleuse; une sur le milieu, presque droite et moins sinuée que les autres; enfin une autre, entre le milieu et l'extrémité, fortement ondulée, crénelée en dehors, et offrant sur ce côté un sinus profond, qui est précédé, du côté qui regarde la base, d'une tache de sa couleur en forme de V couché. Cette troisième raie est en outre précédée en dehors d'une ligne blanche ondulée plus ou moins nette, ou plus ou moins fondue. La frange est de la couleur des ailes et entrecoupée de brun noirâtre. Outre cela, dans la plupart des mâles, la partie comprise entre la raie du milieu et celle de l'extrémité, est d'un ton plus obscur que le reste du fond de l'aile. Le dessus des secondes ailes est d'un gris cendré, avec l'empreinte d'une bande transverse noirâtre sinuée. Le corselet participe de la couleur des ailes supérieures, et l'abdomen de celle des inférieures; celui-ci offre en outre à sa base une ou deux ou trois petites crêtes noirâtres. Les antennes sont jaunâtres, avec la tige blanche.

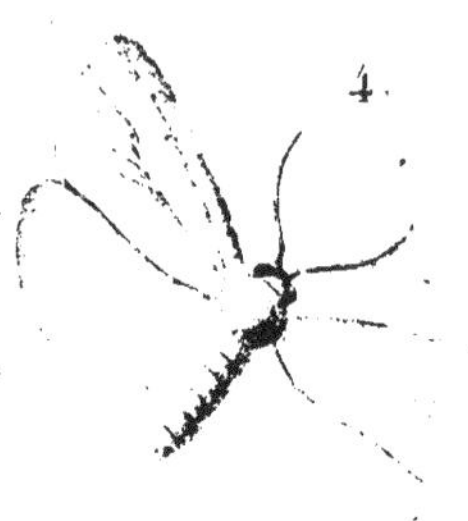

1. Orgya Ericæ *mâle*.　　4. Orgya Cenosa *mâle*

2. ————— ————— *femelle*.　　5. ————— ————— *femelle*.

3. ————— Abietis *mâle*.

P. Dumenil pinx & dir.

Le dessous des ailes est d'un gris blanchâtre, avec une tache discoïdale et une raie transversale noirâtres.

La femelle est un peu plus claire que le mâle. Ses ailes supérieures sont moins fortement arrosées d'atomes bruns, et la tache en forme de V est doublée de blanchâtre.

Cette espèce est encore rare dans les collections; ce qui tient probablement à ce que sa chenille, circonscrite dans des localités assez resserrées, a l'habitude de vivre dans les forêts au sommet des sapins. Elle se trouve dans quelques parties du midi de l'Allemagne.

Voyez la figure et la description de la chenille dans notre *Collection Iconographique des Chenilles d'Europe.*

3. ORGYA TRIGOTEPHRAS. Pl. 61, fig. 3, 4 et 5.

Alis nigro-fuscis anticis macula costali apicalique albido-cinereis alteraque anguli ani lunulata alba. Femina aptera.

Boisd., *Ind. meth.*, p. 46.
Cantener, *Catal. des Lépid. du département du Var*, p. 14.
Orgya ericæ. Lefebvre, *Ann. de la Soc. Linn. de Paris* (1826), pl. 9, fig. 4.
Orgya trigotephras (par correction). Lefebvre, *Ann. de la Société Entom. de France* (1834), p. 187.
Saporta, *Op. cit.*, p. 184.

Elle a le port et la taille de l'*Antiqua*. Ses quatre ailes sont d'un brun-noirâtre assez foncé. Les supérieures offrent près de la base une petite ligne transversale blanchâtre, convexe en dehors, qui n'est bien prononcée que chez les individus frais. Près de l'extrémité, elles ont une autre ligne transverse fortement sinueuse, peu distincte de la couleur du fond, précédée près de l'angle interne d'une petite lunule blanche, et près du sommet d'un petit espace d'un gris blanchâtre. Outre cela, la partie comprise entre les deux lignes transverses est un peu plus obscure que le reste de la surface, et est marquée sur le milieu de la côte d'une tache triangulaire d'un blanc grisâtre, bien distincte, dont la pointe regarde le bord interne de l'aile.

Les ailes inférieures sont sans taches.

Le dessous des quatre ailes est d'un brun noirâtre ; celui des supérieures offre près de l'extrémité l'empreinte d'une ligne transverse noirâtre correspondant à celle du dessus.

Le corps est de la couleur des ailes.

La femelle est complétement aptère, et un peu plus grosse que celle de l'*Antiqua*. Tout son corps est couvert d'un duvet blanchâtre. L'accouplement et la ponte se passent dans l'intérieur du cocon. Après celle-ci terminée, tout le corps a disparu et se trouve réduit à rien, et ce n'est pas sans peine que l'on retrouve quelques débris de la tête et des pattes.

Voyez la figure et la description de la chenille dans notre *Iconographie des Chenilles d'Europe.*

Cette espéce se trouve dans les parties les plus méridionales de la Provence.

Nota. Nous croyons que c'est par erreur que M. Lefebvre a indiqué cette *Orgya* comme se trouvant aussi en Sicile ; il nous paraît assez probable qu'il aura confondu avec elle l'espéce suivante qui lui ressemble beaucoup, et qui est assez commune aux environs de Palerme.

4. ORGYA CORSICA. Pl. 61, fig. 6-8.

*Alis nigro-fuscis ; anticis strigis duabus undatis, macula obsoleta dis-
coidali minuta alteraque anguli ani albida.*

Elle a tout-à-fait le port de *Trigotephras,* et elle lui ressemble beaucoup, mais elle est ordinairement un peu plus
petite, et le dessus de ses quatre ailes est d'un noir un peu
plus brun.

Les premières ont de même vers la base une petite ligne
transversale plus claire que le fond, un peu blanchâtre, convexe en dehors, mais qui ici est légèrement brisée. La ligne
transversale qui est près de l'extrémité est un peu plus obscure
que le fond, et moins visible que dans *Trigotephras.* La lunule
blanche de l'angle anal est plus petite, presque effacée, et
beaucoup moins apparente que dans notre figure. Il n'y a pas
de tache d'un blanc cendré sur la côte, ni d'espace de cette
couleur vers le sommet; mais entre les deux lignes transversales, il y a un petit point noirâtre faiblement ocellé de
blanchâtre.

Le dessus des ailes inférieures est d'un brun un peu roussâtre. Les antennes sont un peu plus longues que dans *Trigotephras.* Le corselet et l'abdomen sont à-peu-près comme
dans cette espéce.

Le dessous des ailes est d'un brun noirâtre, avec l'extrémité des supérieures légèrement lavée de gris violet.

La femelle est complétement aptère, et semblable à celle
de *Trigotephras.*

Nous avons reçu cette nouvelle *Orgya* de l'île de Corse,
comme ayant été prise aux environs de Pie-di-Corte, partie de
l'île qui n'a pas été visitée par M. le docteur Rambur. Nous en
avons vu depuis un certain nombre d'individus appartenant
pour la plupart à M. Escher Zollikoffer, de Zurich, qui
avaient été recueillis en Sicile, aux environs de Palerme, où
cette espéce ne parait pas être fort rare.

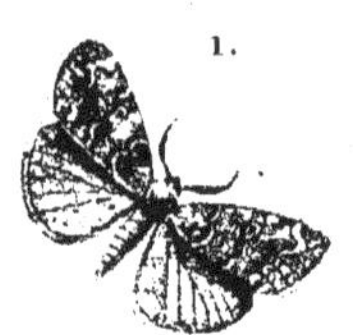

1. Orgya Rupestris *mâle.*   6. Orgya Corsica *mâle.*
2. ________ ________ *femelle.*   7. ________ ________ *idem en dessous.*
3. ________ Trigotephras *mâle.* 8. ________ ________ *femelle.*
4. ________ ________ *id. en dessous.*
5. ________ ________ *femelle.*

P. Dumenil pinx & dir.

On la distinguera facilement de *Trigotephras* par sa taille plus petite, ses ailes plus brunes, et sur-tout par les supérieures dépourvues de la tache triangulaire, et de l'espace apical d'un blanc grisâtre.

Voyez, pour la chenille, notre *Iconographie des Chenilles d'Europe*.

5. ORGYA RUPESTRIS. Pl. 61, fig. 1 et 2.

Alis anticis dilute fuscis, strigis tribus undatis maculaque discoidali renata pallide cinereis; lunula anguli ani minuta albida; posticis rufis.

RAMBUR, *in. Ann. de la Société Entom. de France* (1832), pl. 8, fig. 1-5, p. 275.

Elle est environ d'un tiers plus petite qu'*Antiqua,* et tout-à-fait de la taille de *Corsica.*

Le dessus de ses premières ailes est d'un roux-foncé, plus obscur que dans *Antiqua,* et presque brunâtre, avec plusieurs raies transversales d'un gris blanchâtre; savoir, l'une presque droite près de la base, offrant deux légers sinus; la seconde peu apparente, fortement sinuée, ombrée de brun sur son côté interne, commençant sur la côte par une petite tache blanchâtre, et précédée en dehors près de l'angle interne d'une petite lunule blanche; la troisième, ordinairement beaucoup mieux marquée, fortement sinuée, commence près du sommet par une dilatation de sa couleur, et vient se terminer inférieurement à la petite lunule blanche; enfin, la quatrième, située près de la frange, est très peu visible, et ressemble à un petit filet blanchâtre sinué et presque effacé. Outre cela, il y a sur le disque entre les deux premières raies une petite tache réniforme d'un gris blanchâtre, divisée dans son milieu par un petit arc noirâtre.

Les ailes inférieures sont entièrement d'un roux-ferrugineux un peu plus obscur que dans *Antiqua.*

Le corps est entièrement d'un brun roussâtre, ainsi que les pattes. Les antennes sont fortement pectinées, brunes, avec la tige roussâtre.

Le dessous des quatre ailes est d'un jaune roussâtre uniforme.

La femelle est aptère comme celle des deux espèces précédentes, c'est-à-dire que ses ailes sont réduites à deux petites écailles velues à peine visibles. Tout son corps est couvert d'un duvet blanchâtre comme dans *Trigotephras*.

Cette jolie petite espèce a été trouvée dans l'île de Corse par M. le docteur Rambur, à qui l'entomologie est redevable d'une foule de découvertes très intéressantes.

Voyez la figure et la description de la chenille dans notre *Iconographie des Chenilles d'Europe*.

6. ORGYA ERICÆ. Pl. 62, fig. 1 et 2.

Alis obscure ferrugineis; anticis striga undata obsoletissima obscuriori, macula costali alteraque anguli ani cinereis.

GERM., *Faun. Ins. Europ. fasc.* VIII, tab. 17 et 18.
TREITSCH.-OCHS., *Schm.*, X. Suppl.
BOISD., *Ind. meth.*, p. 46.
Bombyx antiquoides. HUBN., Bomb., fig. 799-780.
Variété. *Orgya antiquoides.* BOISD., *Ind. meth.*, p. 46.

Elle a le port et la taille d'*Antiqua*, mais ses ailes supérieures sont un peu plus arrondies au sommet.

Le dessus des ailes est d'un roux-ferrugineux plus obscur que dans *Antiqua*. Les supérieures, dans les individus bien frais et bien écrits, sont traversées vers le milieu par une ligne sinuée un peu plus obscure que le fond, très peu distincte, ayant à-peu-près la même forme que dans les espéces congénères, mais plus rapprochée du milieu. Cette ligne est précédée en dedans d'une petite tache d'un blanc grisâtre alongée sur la côte, et en dehors près de l'angle anal, d'une petite lunule blanchâtre, beaucoup moins prononcée que dans *Antiqua*.

Les ailes inférieures sont sans taches, et absolument du même ton que les premières.

Le corselet est d'un brun roussâtre; l'abdomen est noirâtre; les antennes sont d'une teinte brunâtre pâle, avec la tige un peu grisâtre.

Le dessous des quatre ailes est d'un roux-ferrugineux obscur et sans aucun dessin.

La femelle est aptère et n'a que deux petites écailles qui tiennent lieu d'ailes. Tout son corps est recouvert d'un duvet d'un blanc grisâtre.

Très souvent le mâle n'offre d'autre dessin qu'une petite lunule blanchâtre, effacée, près de l'angle anal.

Cette espéce, encore peu répandue dans les collections, se

B.R

trouve çà et là dans quelques localités marécageuses du nord de l'Allemagne et du midi du Danemarck. Sa chenille vit dans les marais sur le *myrica gale*, et quelquefois sur l'*erica tetralix*.

Voyez sa figure et sa description dans notre *Collection Ico-nographique des Chenilles d'Europe.*

7. ORGYA AUROLIMBATA [1].

Alis omnibus fuscis immaculatis fimbria lutea.

GUÉNÉE et DEVILLIERS, *in Annal. de la Société Entom. ae France* (1835), pl. 18, fig. 4, p. 635.

Elle a le port et la taille de *Trigotephras,* mais les ailes supérieures ont peut-être encore l'angle apical plus aigu.

Le dessus des quatre ailes est d'un noir brun uniforme sans aucune tache de part et d'autre. La frange des premières ailes est entièrement d'un beau jaune fauve; celle des secondes est de la même couleur, mais elle est entremélée de brun en approchant de l'angle anal. Les cils du bord abdominal sont de cette dernière couleur.

Le dessous des ailes ne diffère pas du dessus.

Le corps et les antennes sont de la couleur des ailes.

La femelle, qui doit avoir la plus grande analogie avec celles des espéces précédentes, est encore inconnue.

Cette espéce a été découverte par M. le capitaine Devilliers, en juin 1833, aux environs d'Ax, dans les Pyrénées, voltigeant autour des buissons.

[1] Nos planches étaient gravées depuis long-temps lorsque nous avons eu connaissance de cette nouvelle espéce; nous la donnerons avec la *Dubia* dans notre Supplément.

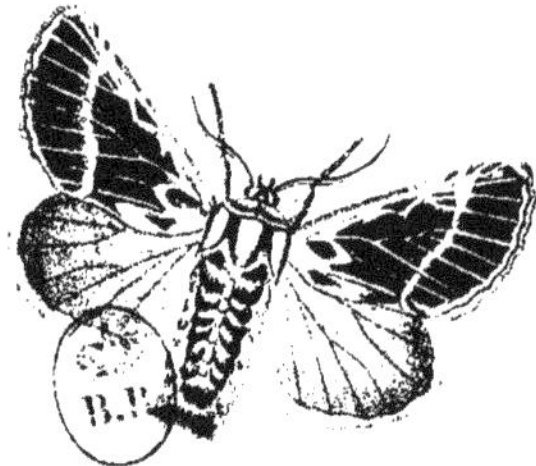

8. ORGYA DUBIA [1].

*Alis anticis nigris fasciis fimbriaque luteis; posticis subsinuatis luteis,
lunula media, fascia marginali fimbriaque anguli ani nigris.*

Bombyx dubia. ? Hubn., Bomb., 261.

Cette jolie espéce est à-peu-près de la taille de *Gonostigma*,
mais elle s'éloigne notablement de toutes les autres par son
dessin.

Le dessus des premières ailes est d'un brun noir, avec des
bandes jaunes transverses disposées ainsi : la première, peu
visible ou effacée tout-à-fait à la base; la seconde, sinueuse,
presque droite, allant comme la précédente jusqu'au bord
interne; la troisième, plus marquée que les autres, n'arrivant
pas ordinairement jusqu'au bord interne, se contournant sur
la côte pour former une espèce de C, dont la concavité regarde l'angle interne de l'aile; enfin la quatrième, presque
éteinte, sinueuse, est située près de l'extrémité, et n'est ordinairement bien indiquée qu'à son origine sur la côte et à sa
terminaison sur l'angle interne. La frange est d'un beau jaune
d'ocre comme les bandes transverses.

Les secondes ailes sont un peu sinuées et d'un beau jaune
d'ocre, avec une bordure assez large d'un noir brun, qui
cesse assez brusquement un peu avant l'angle anal, et un
petit arc discoïdal de la même couleur. La frange est d'un beau
jaune, excepté à l'angle anal où elle est noirâtre.

Le corselet est couvert d'un duvet jaunâtre. L'abdomen
est jaune. Les antennes sont brunâtres avec la tige jaune.

Le dessous des quatre ailes est jaune vers la base, et noirâtre vers l'extrémité, avec la frange jaune et une tache discoïdale noire.

[1] Nos planches étaient dessinées et gravées, lorsque M. Rambur,
à son retour d'Espagne, a bien voulu nous communiquer cette espèce; c'est pourquoi nous ne pourrons en donner la figure que
dans notre Supplément.

La femelle est tout-à-fait aptère, et recouverte d'un duvet d'un gris brunâtre.

Cette rare *Orgya* a été découverte dans la Sierra Nevada, en Espagne, par M. le docteur Rambur.

Nous ne sommes pas bien certain que cette espéce soit tout-à-fait la même que celle figurée par Hubner.

Nota. Le *Bombyx Seleniaca* de Zetter, que nous ne connaissons que par la figure de Fischer, paraît être assez voisin de cette espéce ; il offre à-peu-près le même dessin, mais il est un peu plus petit, et ses ailes inférieures ne paraissent pas sinuées. La couleur jaune paraît aussi beaucoup plus pâle.

Il se trouve en Russie, aux environs de Sarepta.

GENRE CLIDIA.

COLOCASIA, Ochs. ; *GASTROPACHA*, Treitschke.

Chenille garnie de poils assez raides, étoilés, médiocrement alongés, et implantés sur des tubercules peu saillants ; les tubercules latéraux du premier anneau à peine plus saillants que les autres. *Insecte parfait :* assez robuste ; antennes assez longues, faiblement et assez grossièrement pectinées dans les mâles, presque filiformes chez les femelles ; palpes droits, dépassant un peu le front, sensiblement divergents à leur extrémité ; corselet assez velu ; abdomen assez gros.

Ce genre que nous avons établi sur le *Bombyx geographica* des auteurs semble faire le passage des Liparides aux *Bombyx* de la division de *Neustria*. La chenille, par ses poils disposés en aigrettes sur de petits mamelons saillants, appartient encore à notre tribu des Liparides, et l'insecte parfait a une certaine analogie avec les *Orgya;* mais il diffère manifestement de ce genre par ses antennes plus longues garnies de dents courtes et assez serrées, et par ses palpes divergents à l'extrémité. Ces deux caractères le séparent nettement aussi des *Bombyx;* c'est ce qui nous a engagé à en former un nouveau genre.

CLIDIA GEOGRAPHICA. Pl. 65, fig. 5.

Alis anticis modo cinereis, modo albido-cinereis, strigis duabus angulosis albidis, fimbriaque albido radiata; posticis fuscis.

Bombyx geographica. Boisd., *Ind. meth.*, p. 49.
Gastropacha geographica. Treitsch.-Ochs., X, Suppl.
Noctua austera. Esp., *Schmett.*, IV, pl. 191, fig. 4-6.
Noctua geographica. Fab., *Ent. Syst.*, III, 2, p. 91, 271.
Noctua sericina. Hubn., *Beyt.*, II, 1, 9
Hubn., Bomb., fig. 7 et 259.

Elle est à-peu-près de la taille de l'*Orgya coryli.* Les ailes supérieures sont d'un gris sombre dans la plupart des mâles, et d'un gris-roussâtre pâle, lavé de blanc chez les femelles. Dans les deux sexes, elles sont traversées par deux raies blanches anguleuses fortement dentées et lisérées de brun. Entre ces deux lignes il y a ordinairement un point noirâtre. Outre cela, on voit tout près de la base, dans la plupart des individus, le commencement d'une troisième ligne transverse blanche. La frange est d'un gris brunâtre, entrecoupée de blanc.

Les ailes inférieures du mâle sont d'un gris obscur ; celles de la femelle sont un peu plus claires, avec l'extrémité d'un gris obscur, et la frange entrecoupée de blanchâtre.

Le corselet participe plus ou moins de la couleur des premières ailes. L'abdomen est d'un gris plus ou moins obscur.

Le dessous des ailes est grisâtre, avec l'extrémité striée de blanchâtre et de brun.

Cette espèce se trouve en Languedoc, en Provence, et dans plusieurs parties de l'Autriche et de la Hongrie.

Voyez la figure et la description de la chenille dans notre *Collection Iconographique des Chenilles d'Europe.*

BOMBYCINES, *BOMBYCINI.*

Chenilles velues, ordinairement sans tubercules, à poils disposés sur tout le corps, rarement aigrettés ou rayonnants, souvent plus nombreux sur les parties latérales du corps que sur le dos. Chrysalide ordinairement renfermée dans un cocon. *Insecte parfait :* ailes en toit ; antennes des mâles pectinées ; abdomen des femelles gros et très peu développé.

Cette tribu se distingue sur-tout de la précédente par les chenilles qui sont ordinairement dépourvues de petits mamelons ou tubercules saillants. Elle ne contient que trois genres européens, *Bombyx, Lasiocampa* et *Megasoma.*

GENRE BOMBYX. Latr., Boisd.

GASTROPACHA, Ochs. ; *LASIOCAMPA*, Schrank ; *LASIOCAMPA, TRICHIURA, PÆCILOCAMPA, ERIOGASTER, CNETHOCAMPA, CLISIOCAMPA, EUTRICHIA, ODONESTIS* et *GASTROPACHA,* Stephens.

Chenilles velues garnies de poils plus ou moins serrés, tantôt placés sans ordre sur tout le corps, et tantôt disposés par petites touffes, dépourvues d'appendices pédiformes. *Insecte parfait :* ailes en toit, les supérieures offrant toujours un point ou petite tache discoïdale; antennes des mâles fortement pectinées, celles des femelles dentées ; palpes velus, très courts; trompe rudimentaire ; corselet très velu, un peu globuleux ; abdomen gros, très développé dans les femelles, quelquefois pourvu à son extrémité, particulièrement chez les femelles, d'un paquet de poils laineux.

Ce genre se compose d'une infinité de groupes répandus dans les différentes parties des deux continents. Nos espèces européennes rentrent dans huit de ces groupes, savoir :

1er *Neustria, Castrensis, Franconica;* — 2e *Loti;* —3e *Lanes-*

tris, Everia, Catax; — 4ᵉ *Neogena, Pytiocampa, Processionea;* — 5ᵉ *Cratægi,* et de plus une nouvelle espéce découverte en Espagne par M. Rambur; — 6ᵉ *Populi;* — 7ᵉ *Dumeti, Taraxaci;* — 8ᵉ *Rubi, Spartii, Quercus, Trifolii, Cocles.*

1. BOMBYX CATAX. Pl. 65, fig. 3 et 4.

Alis corticinis unicoloribus, anticis puncto centrali albo.

Boisd., *Ind. meth.*, p. 49.

Hubn., Bomb., 168.

Bombyx rimicola. Wien. Verz., S. 57, fam. L, n° 1.

Gastropacha catax. Ochs., *Schm. von Europ.*, IV, p. 285.

Bombyx id. Linn., *Syst. Nat.*, 2, 815, 27.

Fab., *Ent. Syst.*, III, 1, 429, 71.

Esp., *Schm.*, III th., tab. 16, fig. 1.

Borkh., *Europ. Schm.*, III th., S. 116.

Lasiocampa rimicola. Schrank, *Faun. Boic.*, 2, B, 2 abth.

La laineuse du chêne. Ernst, Pap. d'Europe, pl. 178, fig. 229, *a-e.*

Bombyx catax. God., Pap. de France, IV, pl. 11, fig. 5.

Les quatre ailes sont d'un roux-cannelle très clair, un peu plus foncées vers leur base. Les premières offrent pour tout dessin un point discoïdal blanchâtre, beaucoup moins apparent que dans *Everia* et *Lanestris.* Les secondes sont sans taches.

Le dessous des quatre ailes est de la couleur du dessus, ou même un peu plus pâle et sans aucun dessin.

Le corselet est garni de poils laineux de la couleur des ailes, qui s'étendent un peu sur la base des supérieures. L'abdomen est à-peu-près de la même teinte que le corselet, garni de poils laineux chez le mâle, gros et très développé chez la femelle, avec l'extrémité terminée chez ce dernier sexe par un bouquet de bourre d'un cendré bleuâtre.

Les antennes du mâle sont pectinées, un peu plus pâles que la teinte générale, avec la tige plus claire.

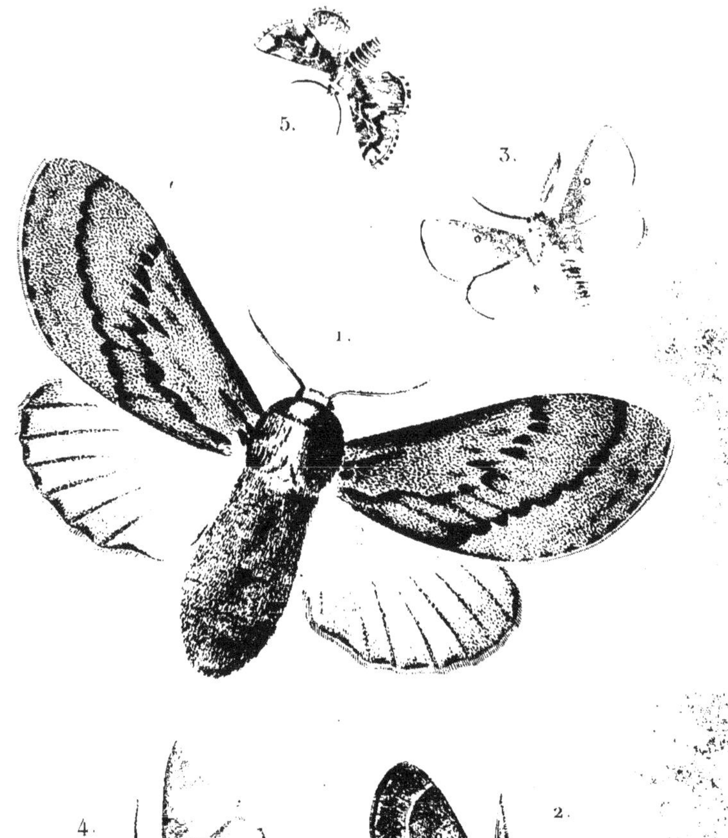

1. Lasiocampa Otus *femelle*.   3. Bombyx Catax *mâle*

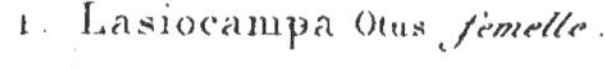

2. Bombyx Trifolii *mâle*.   4. ———— ———— *femelle*.

5. Clidia Geographica.

P. Dumenil pinx. S. dir.

Il se trouve dans l'est et dans les montagnes alpines de la France, et quelquefois aux environs de Paris. Il habite aussi plusieurs contrées de l'Allemagne et de l'Autriche.

Voyez la figure et la description de la chenille dans notre *Collection Iconographique des Chenilles d'Europe.*

2. BOMBYX LOTI [1].

Alis maris *ferrugineis*, feminæ *cinereis ; anticis utriusque sexus puncto strigaque postica sinuata, albis.*

Boisd., *Ind. meth.*, p. 49.
Gastropacha id. Ochs., *Schm. von Europ.*, IV, p. 291.
Bombyx id. Hubn., Bomb., 256-257.

Cette espéce est à-peu-près de la grandeur de *Franconica*. Le mâle et la femelle offrent entre eux la même différence pour la taille. Le premier est d'un roux-ferrugineux un peu plus vif que *Lanestris*, et la femelle d'un gris-cendré obscur, un peu brunâtre. Chez l'un comme chez l'autre, le milieu des premières ailes est marqué d'un point central blanc, précédé en dehors, comme dans *Lanestris,* d'une raie transverse blanche et sinueuse. Les secondes ailes sont sans taches.

Le dessous des quatre ailes dans les deux sexes est un peu plus terne que la surface opposée et sans aucun dessin.

Les antennes du mâle, pectinées à-peu-près comme dans *Neustria,* sont ferrugineuses, avec la tige plus claire ; celles de la femelle sont simples et testacées.

Le corselet et l'abdomen sont d'un gris-cendré, un peu roussâtre chez le mâle. L'abdomen de la femelle est gros et aussi développé que chez *Franconica*. Il est de même dépourvu de bouquet laineux.

Cette jolie espéce a été découverte en Portugal par M. le comte de Hoffmansegg. M. le docteur Rambur a trouvé, en 1835, sa chenille en Andalousie, et en a rapporté quelques cocons qui lui sont éclos à Paris.

Voyez, pour la chenille, notre *Collection Iconographique des Chenilles d'Europe.*

[1] Nous ne connaissons cette espéce en nature que depuis quelques jours ; c'est pourquoi elle ne pourra être figurée que dans notre Supplément.

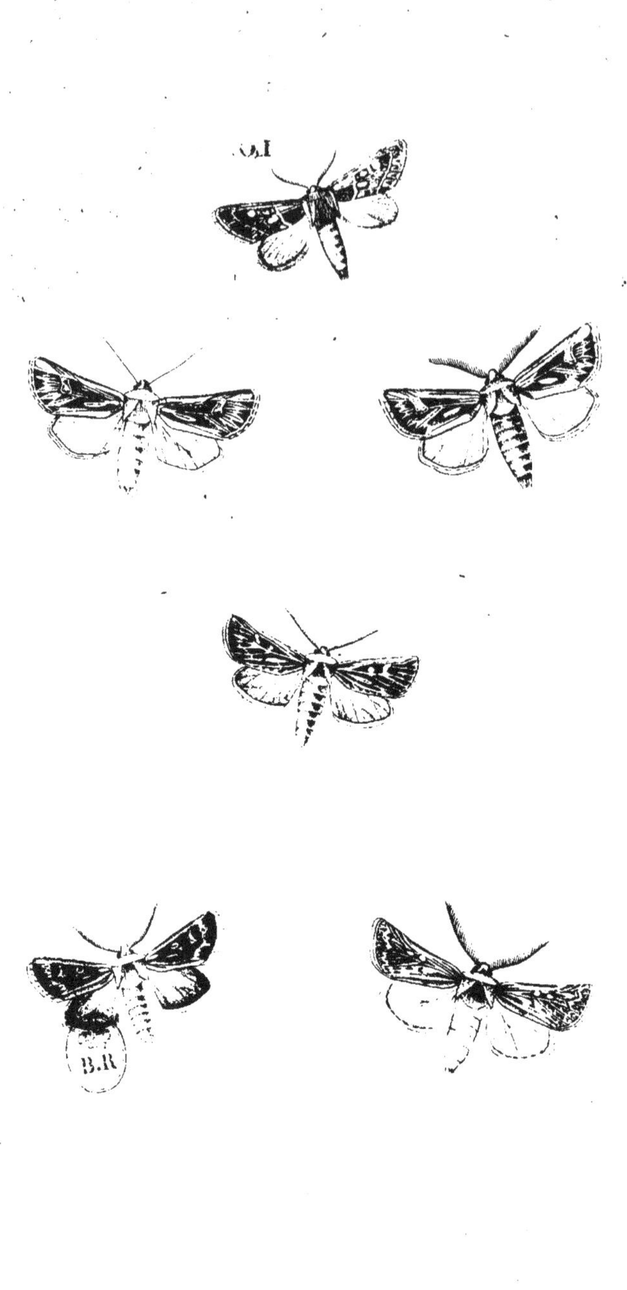

3. BOMBYX SPARTII. Pl. 66, fig. 1 et 2.

Alis maris *brunneis,* feminæ *corticinis; anticis puncto albo, strigaque subrecta flava; posticis* maris *fascia terminali flava.*

HUBN., Bomb., tab. 173, fig. 224 et 270.
FREYER, *N. Beit.*, I, band. I heft., S. 48.
Gastropacha Spartii. TREITS. - OCHS., *Schmett. von Europ.*,
   X, Suppl.
Gastropacha quercus. Variété. OCHS., IV, p. 266.
Bombyx quercus. Variété. BOISD., *Ind. meth.*, p. 48.

Cette espéce a tout-à-fait le port et la taille de *Quercus*, avec lequel quelques auteurs l'ont confondue à tort. A la vérité elle lui ressemble beaucoup ; mais on la distinguera facilement aux caractères suivants : le fond des ailes supérieures est plus roux ; la raie jaune transverse de ces mémes ailes est presque droite, beaucoup plus étroite, coupée très net sur les deux côtés, et notablement plus éloignée du point blanc central. La bordure des ailes inférieures est ordinairement entièrement jaune jusqu'à la frange ; cependant dans quelques individus elle est un peu lavée de brun, mais beaucoup moins que chez *Quercus*.

La femelle est d'un roux-cannelle clair, comme dans certaines variétés accidentelles de *Quercus;* mais elle s'en distingue facilement par la raie transverse des premières ailes qui est plus droite, plus étroite, plus nette, et beaucoup plus éloignée du point central.

Il se trouve dans quelques contrées de l'Europe méridionale, mais particulièrement en Sicile.

La chenille diffère passablement de celle de *Quercus* par le dessin et par l'époque de sa métamorphose.

Voyez notre *Collection Iconographique des Chenilles d'Europe.*

4. BOMBYX TRIFOLII. Pl. 65, fig. 2.

Alis ferrugineis, vel luteo-cinerascentibus; anticis puncto albo fascia-
que repanda livida; posticis modo immaculatis, modo fascia oblite-
rata livida.

FAB., *Ent. Syst.*, III, 1, 423, 52.
BORKH., *Eur. Schm.*, III th., S. 89, 90, 23.
HUBN., Bomb., 171.
WIEN. VERZ., S. 57, fam. K, n° 4.
ROESEL, *Ins. Bel.*, tab. 35.
SEPP, *Neederl. Ins.*, II th., tab. 13 et 14.
Lasiocampa trifolii. SCHRANK, *Faun. Boic.*, 2, B. 2 abth.,
S. 154, n° 10.
Gastropacha id. OCHS., *Schm. von Europ.*, IV, p. 262.
Le petit minime à bande. ERNST, Pap. d'Europe, pl. 176,
fig. 226, *a*, *b*, *e*.
Bombyx du trèfle. Variété. GOD., Pap. de France, IV, pl. 9,
fig. 5.

VARIÉTÉ.

Bombyx medicaginis. BORKH., *Rhein. Magaz.*, 1, B. S. 363,
n° 217.
Gastropacha medicaginis. OCHS., *Op. cit.*, p. 264.
Bombyx trifolii. ESP., *Schm.*, III th., tab. 15, fig. 1-6.
Le petit minime à bande. ERNST, *Op. cit.*, pl. 176, fig. 226,
c, *d*, *f*, *g*, *i*.
Bombyx du trèfle. GOD., *Op. cit.*, pl. 9, fig. 3, 4.

Plusieurs auteurs font deux espéces de ce *Bombyx*; quant
à nous, nous sommes convaincu que les mêmes chenilles
nous ont produit, non seulement le *Trifolii* et le *Medicaginis*,
mais aussi des variétés intermédiaires qui n'appartiennent pas
plus à l'un qu'à l'autre.

Le *Trifolii* de ces auteurs, qui est celui que nous avons
figuré, est d'un ferrugineux assez foncé, sans bande, ou seulement avec une légère empreinte de bande, aux ailes inférieures. Les ailes supérieures sont marquées d'un point central

blanc, arrondi, précédé en dehors d'une raie étroite, sinueuse, jaunâtre. La femelle est de la couleur du mâle, mais un peu plus grande.

Le *Medicaginis*, qui est la variété la plus commune aux environs de Paris, est d'un brun-tanné pâle tirant sur le gris jaunâtre, avec une raie blanchâtre, postérieure, arquée, commune aux quatre ailes, précédée sur les supérieures d'un point central blanc arrondi. Il y a en outre dans quelques variétés, à la base des premières ailes, une apparence de bande jaunâtre. La femelle est de la couleur du mâle. Le corps et les antennes dans ces variétés participent de la couleur des ailes.

Ce *Bombyx* se trouve assez communément dans une grande partie de l'Europe, et nous ne l'avons fait figurer que pour mieux faire ressortir la différence du *Cocles*.

5. BOMBYX COCLES. Pl. 66, fig. 3 et 4.

*Alis luteo-cinereis, ad apicem subpallidioribus, fascia repanda albida;
anticis puncto centrali albo fasciaque basali pallescente; posticis
fimbria albido-lutescenti : antennis maris late pectinatis.*

> Hubn., Bomb., 332-335.
> Freyer, *N. Beit.*, I, band. VIII heft., S. 83, 179, tab. 44.
> *Bombyx trifolii.* Hubn., Bomb., 264.
> *Gastropacha cocles.* Ttreitsch.-Ochs., X, Suppl.

Ce *Bombyx* a beaucoup de rapport avec le *Trifolii*, et il
serait bien possible qu'il n'en fût qu'une variété locale. Il ressemble, pour la teinte, à la variété *Medicaginis*, mais il est
encore plus pâle et d'une couleur plus livide.

Les ailes supérieures sont proportionnellement un peu
plus larges, finement arrosées de petits atomes jaunâtres;
leur base est toujours marquée d'une bande d'un gris jaunâtre. Le point central du milieu est ordinairement plus petit
que dans *Trifolii*. La bande blanchâtre est beaucoup plus
nette et plus marquée que dans aucunes variétés de *Trifolii*.
Elle est en outre toujours fortement ombrée de brun sur son
côté interne ; l'extrémité de l'aile est plus pâle que le reste de
la surface, et plus arrosée d'atomes d'un blanc jaunâtre.

Les ailes inférieures sont toujours traversées par une bande
blanchâtre bien marquée ; leur frange est d'un blanc jaunâtre.

Le dessous des quatre ailes est d'un blanc jaunâtre, avec
la bande transverse fortement ombrée de brun sur les quatre
ailes.

Le corps est d'un jaune-blanchâtre plus ou moins pâle,
tant en dessus qu'en dessous. Les antennes sont fortement
pectinées et sensiblement plus larges que dans *Trifolii*.

La femelle est un peu plus pâle que le mâle, avec la bande
blanchâtre commune, ombrée de brun sur les quatre ailes, et
un peu fondue par son côté externe avec la teinte pâle de

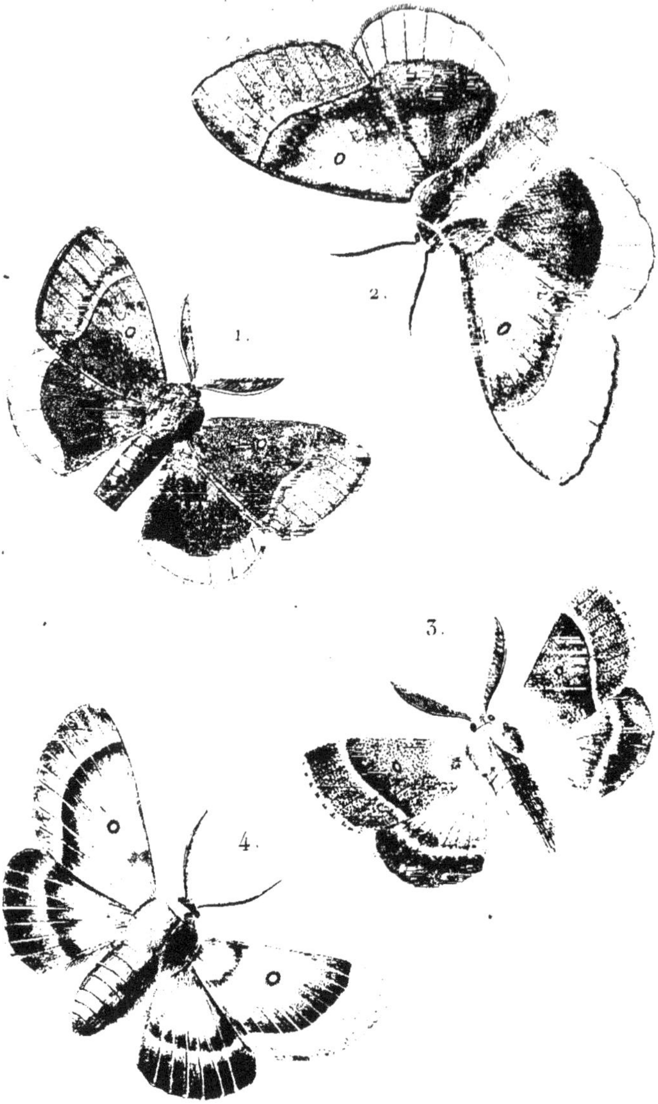

1. Bombyx Spartii *mâle*
2. ——— ——— *femelle.*

3. Bombyx Cocles *mâle.*
4. ——— ——— *femelle.*

P. Dumenil pinx. & dir.

l'extrémité. Outre cela, les nervures sont assez prononcées et un peu blanchâtres, caractère que l'on observe aussi dans le mâle, et même dans quelques variétés de *Trifolii*.

Cette espéce se trouve en Sicile, et elle paraît y être assez commune.

La chenille ne nous est point connue, de sorte que nous regardons encore cette espéce comme douteuse.

GENRE LASIOCAMPA. Schrank, Latr.¹, Boisd.

BOMBYX, auct. vet. — GASTROPACHA, Ochs., Stephens.

Chenilles demi-velues, alongées, très aplaties en dessous, pourvues, de chaque côté, d'appendices pédiformes hérissés de poils
dirigés par en bas, et, sur les premiers segments, d'un ou de deux
colliers de couleur tranchée; les poils rares et peu nombreux sur
le dos. Chrysalide renfermée dans un cocon. *Insecte parfait:*
corps épais; antennes médiocrement longues, pectinées dans les
deux sexes, mais plus fortement dans les mâles que chez les femelles; palpes velus, quelquefois assez courts, et quelquefois
alongés en forme de bec incombant; trompe rudimentaire;
corselet très velu, un peu globuleux; abdomen très développé,
sur-tout chez les femelles; ailes en toit, fortement reverses.

Ce genre, tel que Schrank l'a établi, comprend une
grande partie des *Bombyx* des anciens auteurs, et correspond
à-peu-près au genre *Gastropacha* d'Ochsenheimer. M. Latreille, dans ses derniers ouvrages, l'a restreint à quelques
espéces de ses bombyx dont les palpes s'avancent en forme de
bec (*pruni, quercifolia*); tout en l'adoptant dans notre *Index methodicus,* nous lui avons donné plus d'extension que ne l'avait
fait M. Latreille. Car il nous paraît impossible de séparer des
Lasiocampa, certaines espéces dont les palpes ne sont guère
plus développés que chez les bombyx proprement dits (*Betu-
lifolia Ilicifolia*), mais dont les chenilles et les mœurs sont
semblables en tout à celles dont les palpes forment une sorte
de bec.

Les *Lasiocampa* sont répandus dans différentes parties des
deux continents, et forment plusieurs groupes assez tran-
chés. Certaines espéces comme la plupart des nôtres ont les
ailes fortement dentelées; quelques unes les ont entières;
plusieurs autres ont les ailes superieures plus ou moins oblongues et très faiblement dentelées. C'est à ce dernier groupe
qu'appartient notre *Lineosa.*

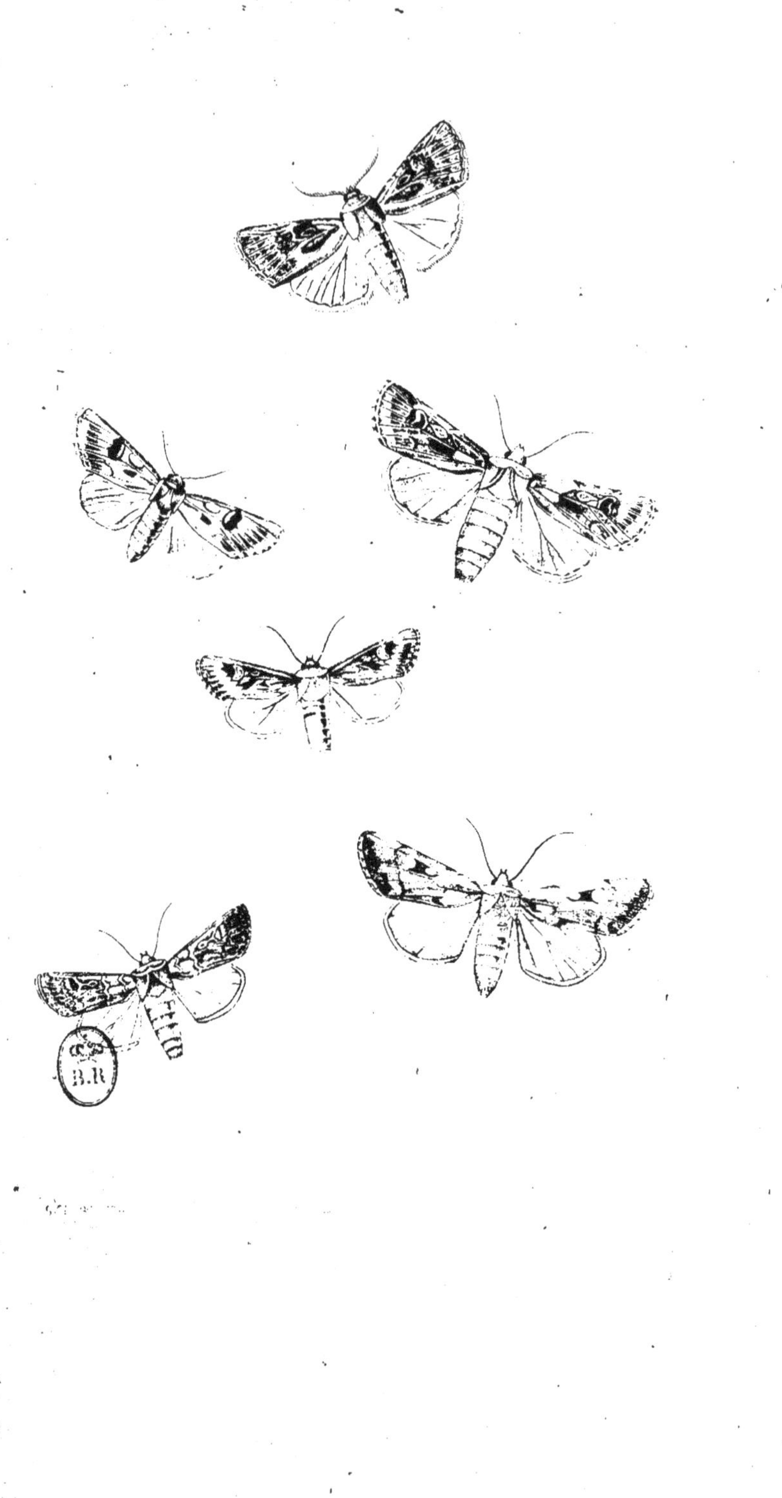

Les chenilles sont toutes remarquables par ces mamelons velus situés de chaque côté du corps, qui s'alongent de manière à imiter des pattes, et dont elles font usage pour s'appliquer plus étroitement le long des branches, où elles restent collées pendant tout le jour, se confondant complétement par leur couleur avec celle de l'écorce des arbres dont elles se nourrissent.

Elles sont en outre ornées d'un ou de deux colliers veloutés, situés sur les premiers anneaux; mais qui d'ordinaire ne sont visibles que lorsque l'animal se met en mouvement.

L'insecte parfait est très lourd, et ce n'est que la nuit, au moins dans nos climats, que le mâle vole à la recherche de sa femelle.

Toutes les espéces connues vivent sur différentes espéces d'arbres, et très rarement en famille.

1. LASIOCAMPA OTUS. Pl. 65, fig. 1.

Alis anticis oblongis cinereo-corticinis strigis duabus undatis fuscis;
posticis dilute corticinis.

Bombyx otus. DRURY, *Ins.* I, pl. 16, fig. 3.
Bombyx dryophaga. HUBN. Bomb., tab. 73, fig. 306-307.
Lasiocampa dryophaga. BOISD., *Ind. meth.*, Suppl., p. 3.
Gastropacha dryophaga. TREITS-OCHS., t. X, p. 185.

Cette belle espéce, que tous les auteurs ont crue nouvelle, est représentée dans Drury, depuis environ soixante-dix ans.

Elle a près de quatre pouce d'envergure. Les ailes supérieures sont d'un gris roussâtre, saupoudrées d'atomes plus obscurs, et traversées un peu au-delà du milieu par deux raies brunâtres, parallèles, fortement sinuées, ou plutôt dentées en scie. Le milieu de l'espace compris entre ces deux raies est à-peu-près de la couleur du fond, tantôt un peu plus clair, et tantôt un peu plus foncé. La base de ces mêmes ailes est en outre marquée d'une ou deux petites taches d'un noir brunâtre.

21.

La frange est à-peu-près de la teinte générale, faiblement entrecoupée de brun.

Les ailes inférieures sont d'une couleur roussâtre, ordinairement sans taches, et quelquefois avec l'empreinte d'une ou deux raies noirâtres.

Le corselet est de la couleur des ailes supérieures. L'abdomen est assez velu et un pue plus obscur que les ailes inférieures. Les antennes sont d'un brun roussâtre, assez longues, assez fortement petinées dans le mâle, seulement dentées chez la femelle.

Le dessous des ailes est un peu plus pâle que le dessus; celui des supérieures offre plus ou moins l'empreinte des raies transverses de la face opposée, et celui des inférieures une raie obscure plus ou moins prononcée.

La femelle ne diffère pas sensiblement du mâle, seulement les deux raies transverses des premières ailes sont ordinairement un peu moins nettes et moins obscures.

Cet insecte a été découvert par Dahl aux environs de Fiume en Dalmatie sur une espéce de chéne (*quercus*) dont l'espèce m'est inconnue. Il se trouve aussi aux environs de Smyrne, selon Drury et M. Bugnon fils, de Lausanne. Voici ce que ce dernier m'écrit à ce sujet : « M. Mestral étant à Smyrne a observé que les chenilles du *Lasiocampa dryophaga* ne vivaient pas isolées et collées contre les branches comme celles des espéces congénères ; il a remarqué, au contraire, que pendant le jour elles se retiraient en société dans les cavités ou sous les écorces des troncs d'arbres, les unes à côté des autres, ou les unes sur les autres. Il a observé, en outre, que ces chenilles, au moins dans ce pays, ne vivent point sur le chéne, mais sur un arbre qui, dans ce pays, se nomme *pétélin*, et dont le feuillage a quelque ressemblance avec celui du frêne. Il ignore son nom scientifique. »

Quoique ce *Lasiocampa* paraisse être assez commun aux environs de Smyrne, il est encore fort rare dans les collections.

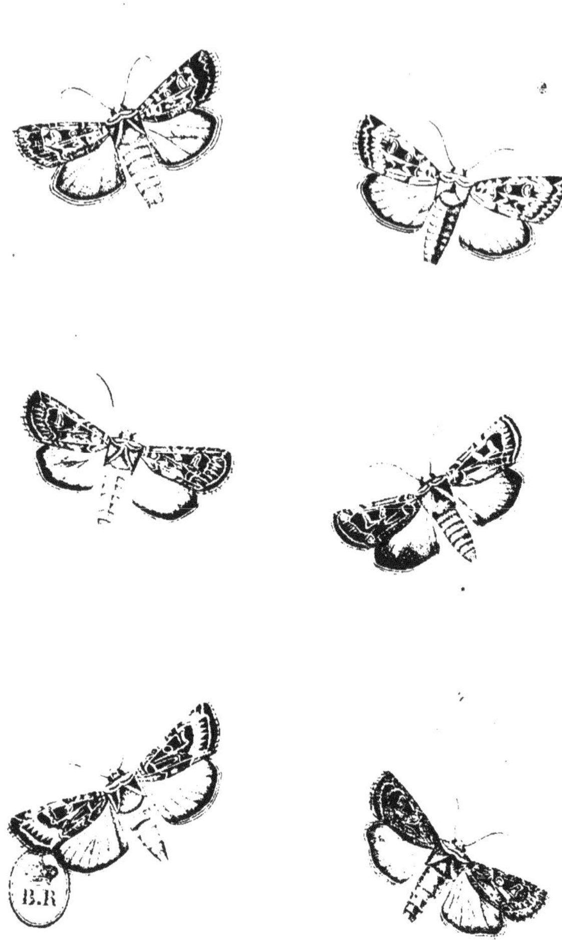

2. LASIOCAMPA LINEOSA. Pl. 64, fig. 1 et 2.

Alis anticis oblongis, pallide cinereis, fascia obliqua, sinuata, albida, utrinque linea nigra marginata; posticis cinereis.

Bombyx id. Devilliers, *in Ann.* de la Soc. Linn., V (1826), p. 478, pl. 9.
Lasiocampa lineosa. Boisd., *Ind. meth.*, p. 48.
Bombyx id. Hubn. Bomb., tab. 78, fig. 328-331.
Freyer, *Beyt.* III. band. XXIII. heft. S. 129, tab. 134.
Gastropacha. Treits-Ochs. *Schm.*, X, p. 186.

La femelle a près de deux pouces et demi d'envergure, et le mâle environ un tiers de moins. Les ailes supérieures sont d'un gris-cendré pâle, saupoudrées d'atomes noirâtres, traversées obliquement par une bande blanche, sinuée et anguleuse sur son côté externe, et limitée des deux côtés par une ligne noire. Cette bande se dirige de l'extrémité vers la base du bord interne, et est surmontée, vers le sommet, de deux taches noires sagittées, dont la concavité est blanche. La côte est plus ou moins blanche et séparée de la teinte cendrée par une petite ligne longitudinale noire, ordinairement peu prononcée. L'angle interne est aussi bordé par une bande blanchâtre qui se fond insensiblement avec la couleur générale. La frange est blanche, légèrement denticulée, et entrecoupée de gris brunâtre.

Les ailes inférieures sont d'un gris-cendré obscur, sans taches.

Le corselet est d'un cendré blanchâtre, avec une raie médiane noire; les épaulettes sont aussi bordées intérieurement par une petite ligne de la même couleur; l'abdomen est à-peu-près de la couleur des ailes inférieures, quelquefois un peu plus obscur; les antennes sont roussâtres, avec la tige grisâtre.

Le dessous des quatre ailes est le plus ordinairement

d'un gris cendré, sans taches ; quelquefois celui des supérieures offre l'empreinte des lignes noires qui bordent la bande blanche.

Le mâle diffère de la femelle en ce que le fond des premières ailes est un peu plus obscur, et en ce que les lignes noires sont un peu plus larges.

Il a d'abord été trouvé accouplé dans un jardin, à Marseille, par M. Solier, en 1825 ; l'année suivante, M. Famin en trouva aussi une paire dans ce pays, et M. Adrien Devilliers, une troisième à Montpellier. Ce ne fut qu'en 1828 que l'on connut la chenille, et que l'on sut qu'elle vivait sur le cyprès.

Voyez notre *Iconographie des Chenilles d'Europe.*

Nota. Nous possédons une espéce du cap de Bonne-Espérance, qui est aussi voisine de celle que nous venons de décrire que la *populifolia* de la *quercifolia.*

GENRE MEGASOMA. Boisd. — *Gastropacha*. Tr.

Chenilles cylindriques, alongées, légèrement aplaties en dessous ; avec les mamelons latéraux très velus, peu prononcés, et ne formant pas d'appendices pédiformes ; le dessus du corps garni de petits tubercules, hérissés de poils, aigrettés ; colliers bordés de poils. Chrysalide renfermée dans un cocon, et pourvue de quelques faisceaux de poils courts rayonnants. *Insecte parfait :* corps épais ; antennes du mâle fortement pectinées à la base ; leur moitié antérieure moins pectinée et contournée en cornes de bélier ; antennes de la femelle faiblement pectinées dans toute leur longueur ; palpes très velus, un peu en forme de bec ; corselet arrondi, couvert de poils serrés ; abdomen très alongé ; celui de la femelle très gros ; celui du mâle terminé par un faisceau de poils assez épais.

J'ai établi ce nouveau genre, il y a quelques années, sur le *Gastropacha Acaciæ* de Klug et le *Bombyx repanda* d'Hubner, auxquels j'ai ajouté depuis, mais avec doute, le *Bombyx Cristata* de Cramer. Je n'en ai pas encore publié les caractères, autrement que par une note communiquée à M. le baron Feisthamel, et qu'il a jointe à sa notice sur le *Bombyx repanda*, dans les Annales de la Société Entomologique.

Les *Megasoma* sont, comme on le voit, fort peu nombreux jusqu'à présent, et tous propres à l'Afrique et à l'Europe la plus méridionale. A l'état parfait, ils se distinguent, au premier coup d'œil, des *Bombyx* et *Lasiocampa* par la forme des antennes des mâles, et par l'alongement de l'abdomen chez les deux sexes. Sous celui de chenille, ils se rapprochent un peu du dernier de ces deux genres ; mais ils en diffèrent notablement par l'absence d'appendices pédiformes. Ils ont aussi, sous cette forme et particulièrement sous celle de chrysalide, une affinité marquée avec les Liparides.

MEGASOMA REPANDUM. Pl. 64, fig. 3, 4.

Alis fusco-ferrugineis; anticis lunula fusca, striga postica sinuata punctoque humerali albis; anticarum disco maris *humerisque obscurioribus.*

FEISTH, *in Ann.* de la Société *Entom.* (1832). Pl. 13, p. 340.
Bombyx id. HUBN., Bomb., tab. 65, f. 274-275.
Gastropacha id. TREITS-OCHS. *Schm.* X, p. 195.

Le mâle a environ un pouce et demi d'envergure, et la femelle près de deux pouces et demi.

Les ailes supérieures du mâle sont d'un gris-ferrugineux pâle, avec une ligne flexueuse d'un blanc argentin près de l'extrémité, et une lunule brune, doublée extérieurement de rougeâtre sur le milieu. L'espace compris entre cette lunule et la ligne blanche est rempli dans sa moitié antérieure par une tache presque triangulaire d'un brun-marron. Tout-à-fait à la base, il y a un point axillaire blanc précédé en dehors d'une petite tache rouge qui s'appuie extérieurement sur une petite ligne flexueuse, transverse, blanche, à-peu-près de même forme que la première, mais ordinairement peu prononcée.

Les ailes inférieures sont d'un roux-cannelle, avec le bord extérieur un peu grisâtre, interrompu près de l'angle anal par une espèce de tache plus obscure que le fond.

Le corselet est gris avec les épaulettes d'un brun-marron, lisérées de blanc. Le corps est d'un roux ferrugineux en dessus, et d'un roux grisâtre en dessous.

Les ailes supérieures de la femelle sont d'un roux clair, très finement sablées de blanchâtre vers l'extrémité, avec une raie flexueuse comme dans le mâle, mais moins prononcée. La lunule centrale est très petite et peu distincte, et la seconde ligne transverse est nulle.

Les ailes inférieures sont d'un ferrugineux grisâtre, avec

1. Lasiocampa Lineosa *mâle*.　　3. Megasoma Repandum *mâle*.
2. —————————— *femelle*.　　4. —————————— *femelle*.

P. Dumenil pinx & dir

le bord de l'angle anal coupé par une tache brune comme dans le mâle; le corps est d'un gris-roussâtre pâle.

Les deux sexes offrent en dessous les traces de la ligne blanche extérieure du dessus.

Il se trouve depuis la côte de Barbarie jusqu'au Sénégal; il s'étend aussi dans quelques parties du midi de l'Europe, notamment en Andalousie, où il est assez commun; il est plus rare dans le sud de l'Italie. Feu Olivier l'a découvert, il y a plus de quarante ans, aux environs de Bagdad.

Voyez la description et la figure de la chenille dans notre *Collection Iconographique des Chenilles d'Europe.*

HUITIÈME TRIBU.

SATURNIDES. *SATURNIDES.*

Chenilles épaisses, peu alongées, cylindriques, à anneaux saillants, pourvues tantôt de tubercules très prononcés, et surmontés de quelques poils roides, étoilés, et tantôt d'épines pennées ou verticillées. Chrysalide renfermée dans un cocon très fort. *Insecte parfait :* ailes' larges, étalées, non reverses; antennes des mâles pennées; celles des femelles pectinées.

Cette tribu, propre aux deux continents, comprend une grande partie des *Phalenæ attaci* de Linnée. Elle se compose d'un petit nombre de genres; mais elle renferme beaucoup d'espèces, toutes remarquables par leur taille et le dessin de leurs ailes.

GENRE SATURNIA. Schrank, Leach., Boisd., Stephens. — *Attacus*, Germar. — *Bombyx*, Latr., God.

Chenilles pourvues de mamelons saillants, surmontés de quelques poils roides, rayonnants, sétiformes. Chrysalide peu alongée, cylindroïde, avec l'extrémité anale terminée par plusieurs soies. *Insecte parfait :* corps très velu, épais; antennes du mâle largement pennées, médiocrement longues; celles de la femelle pectinées; palpes très velus, courts et peu saillants; corselet arrondi, avec un collier de la couleur du bord costal des premières ailes; abdomen assez court : celui des femelles très développé; ailes larges, étalées dans le repos, jamais reverses, marquées sur leur milieu, tantôt d'une tache oculaire plus ou moins prononcée et transparente, et tantôt d'une tache triangulaire ou carrée également transparente, divisée dans ces deux cas par une petite nervure transversale.

Les *Saturnia* vivent tous sur les arbres ou les arbrisseaux. Les espèces sont nombreuses et répandues dans différentes contrées des deux continents. Plusieurs (*Rumphii*

Mylitta) filent une soie très abondante, et au moins aussi belle que celle du bombyx du mûrier (*ver à soie*). Elles se divisent en plusieurs groupes, d'après la forme et le dessin des ailes. Les unes ont les quatre ailes arrondies, les autres ont les supérieures falquées au sommet; enfin il en est dont les inférieures se terminent insensiblement en une queue plus ou moins longue, etc.

SATURNIA COECIGENA. Pl. 67, fig. 1 et 2.

Alis maris flavis carneo-micantibus, feminæ rubricantibus, striga postica angulosa fusca ocelloque cæco.

Boisd., *Ind. meth.*, p. 49.
Treits-Ochs., *Schm. von Europ.*, X, p. 146.
Bombyx cæcigena. Hubn., Bomb., tab. 70, fig. 295-299.
Freyer, *N. Beyt.*, I, band. I heft. S. 6, n° 8.

Cette belle espéce a les ailes supérieures moins arrondies que les trois autres, et sa taille est ordinairement un peu plus grande que celle de *Spini* mâle.

Le mâle a les quatre ailes d'un assez beau jaune, lavées de rose violâtre, particulièrement sur les inférieures, avec une ligne noirâtre commune, transverse, fortement en zigzag, précédée sur chaque aile d'un petit œil de la même couleur. Entre cet œil et la base, il existe aussi une raie noirâtre plus ou moins marquée. Les supérieures ont en outre la côte d'un gris blanchâtre, fortement lavée de rose, et le sommet un peu saupoudré d'atomes noirâtres.

Le corps est couvert de poils jaunes très épais, avec le collier lavé de rose. Les antennes sont d'un jaune-roussâtre, plus largement pennées que dans aucune autre espéce européenne.

Le dessous diffère du dessus en ce qu'il est plus fortement lavé de rougeâtre, en ce que les lignes noires et les yeux sont un peu plus prononcés.

La femelle est à-peu-près de la taille du mâle, avec les ailes supérieures plus arrondies au sommet. Elle offre le même dessin, mais le fond de sa couleur est entièrement rougeâtre de part et d'autre.

Il se trouve aux environs de Fiume en Dalmatie, d'où Dahl l'a rapporté abondamment, il y a une dizaine d'années. Je crois même que depuis on l'a élevé à Vienne en captivité.

Voyez la figure et la description de la chenille dans notre *Collection Iconographique des Chenilles d'Europe.*

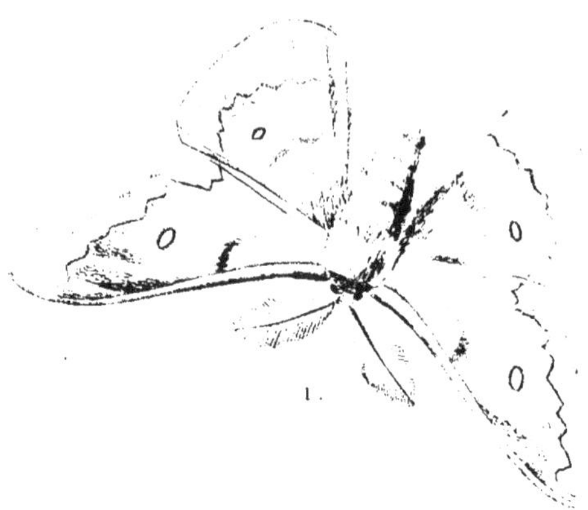

1.

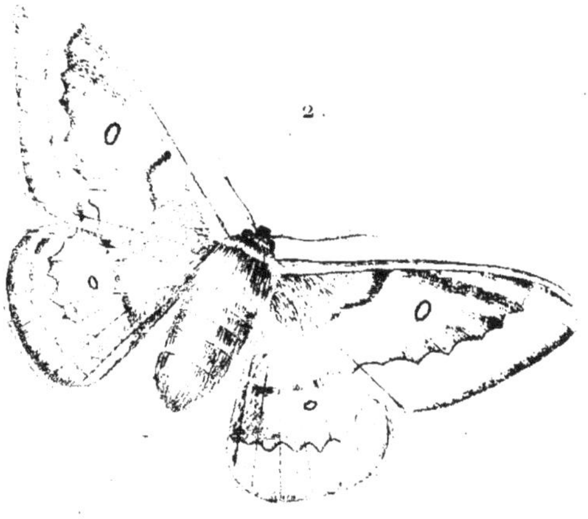

2.

1. Saturnia Cœcigena *mâle*.   2. *idem femelle*.

P. Dumenil pinx d'dir.

NEUVIÈME TRIBU.

ZEUZÉRIDES. *ZEUZERIDES.*

Chenilles assez alongées, vivant dans l'intérieur des tiges ou des racines; pourvues de quelques poils clair-semés, implantés chacun sur un petit tubercule, et d'un écusson écailleux sur le premier anneau. Chrysalide assez alongée, garnie de petites pointes sur les segments abdominaux qui les rendent plus ou moins scabres. *Insecte parfait :* corps plus ou moins épais, garni de poils cotonneux ou écailleux; trompe très courte et presque nulle; antennes plus ou moins longues, tantôt à peine dentées, tantôt pectinées, et souvent presque filiformes, ou cotonneuses, à leur base; ailes en toit; abdomen assez alongé; celui des femelles terminé le plus ordinairement par un oviducte en forme de tarière.

Ces insectes ressemblent presque complétement, sous leur premier état, aux *Sesia Nonagria* et autres espèces, soit diurnes [1], soit nocturnes, vivant dans l'intérieur des tiges, et ce n'est souvent que par les caractères de l'insecte parfait que l'on peut les distinguer. Leurs chenilles, de couleur livide, blanchâtre ou rougeâtre, sont pourvues de fortes mandibules qui leur servent à ronger le bois ou les racines, et leurs chrysalides ont les segments abdominaux garnis de deux rangées de petites dents ou épines, dont elles font usage pour se mouvoir et se rapprocher de l'ouverture qui doit livrer passage à l'insecte parfait.

Les espèces de cette tribu sont médiocrement nombreuses. Elles sont répandues dans différentes parties des deux continents, et rentrent dans une assez grande quantité de genres.

[1] Nous connaissons plusieurs *Hesperia* qui vivent dans l'intérieur des racines.

GENRE STYGIA. Draparnaud, Lat. , God., Boisd.

BOMBYX. Hubner.

Chenille presque semblable à celle des *Sesia*, vivant dans les tiges et les racines de l'*echium italicum*. *Insecte parfait*: corps robuste, couvert de poils épais, un peu écailleux ; antennes assez courtes, bipectinées dans les deux sexes ; trompe nulle ou très peu sensible ; palpes épais, écailleux, obtus, s'élevant un peu au-delà du chaperon ; ailes en toit ; abdomen assez long, garni de crêtes latérales et terminé par un bouquet de poils.

On ne connaît qu'une seule espèce de ce genre. Son vol est diurne et ressemble un peu à celui des *Hepialus*.

STYGIA AUSTRALIS. Pl. 69, fig. 2 et 3.

Alis anticis pallide fuscis, cinereo vel luteo variegatis ; posticis maris albis limbo nigro, feminæ nigris macula discoïdali quadrata alba ; thorace maris cinereo feminæ fulvo.

Latreille, *Genera, Crust. et Ins.*
Boisd., *Ind. meth.*, p. 51.
Guérin, *Règne animal* de Cuvier, *Ins.*, pl. 85, fig. 4 et 4[a].
God., *Pap. de France.* III. Pl. 22, fig. 19.
Ochs., *Schm. von Europ.* V, p. 39.
Chimœra Leucomelas. Ochs., *Op. cit.*, III. p. 6.
Bombyx Terebellum. Hubn. Bomb., tab. 51, f. 217.

Le mâle a les ailes supérieures brunâtres, variées de gris blanchâtre, avec la frange luisante, entrecoupée de grisâtre.

Ses ailes inférieures sont blanches, avec une bordure noirâtre, de largeur moyenne, se rétrécissant un peu vers l'angle anal. La frange est brunâtre, plus ou moins claire, entrecoupée de gris roussâtre.

Le corselet est de la couleur des ailes supérieures ainsi que la tête et le collier. L'abdomen est d'un gris brunâtre, garni de poils d'un gris jaunâtre, assez longs, qui forment des espèces de crêtes de chaque côté et un bouquet étalé à l'extrémité. Les antennes sont brunâtres avec la tige d'un gris jaunâtre.

La femelle diffère notablement du mâle par sa teinte. Ses ailes supérieures sont d'un jaune roussâtre ou d'un jaune un peu fauve, plus ou moins variées et mélangées de brunâtre, avec le dessus du corselet, la tête et le collier entièrement fauves. Ses ailes inférieures sont noires, avec une tache discoïdale, blanche, presque carrée, de grandeur moyenne. Son abdomen est noir de part et d'autre avec des crêtes latérales et un bouquet anal de la même couleur, et ordinairement, en outre, deux ou trois taches dorsales fauves.

Le dessous, dans les deux sexes est à-peu-près semblable au dessus, sinon que les premières ailes sont ordinairement un peu plus claires.

Elle se trouve en Languedoc, principalement aux environs de Montpellier. Elle a été long-temps fort rare dans les collections; mais, depuis une dizaine d'années que l'on connaît ses mœurs, les entomologistes de Montpellier la prennent assez communément.

Voyez la figure de la chenille dans notre *Iconographie des Chenilles d'Europe*.

GENRE ENDAGRIA. Boisd.

COSSUS. Ochs. *BOMBYX.* Esp. *BORKH.*

Chenille vivant de la racine de plantes basses. *Insecte parfait :* corps
médiocre, velu; antennes assez longues, unidentées, moniliformes chez les femelles; palpes velus, un peu écailleux, ne
dépassant pas le chaperon ; trompe nulle ; ailes en toit, arrondies,
parsemées de taches blanchâtres; abdomen assez grêle, notablement plus long que les ailes inférieures ; celui des femelles
terminé par une tarière très prononcée.

Ces insectes ont le port des *Hepialus,* mais ils en diffèrent par leurs ailes plus courtes, leur corselet plus robuste,
et leur abdomen moins long, terminé, chez les femelles, par
un oviducte très saillant. Leurs mœurs sont tout-à-fait les
mêmes ; le mâle vole lourdement le soir et à ras de terre; la
femelle vole très peu, et se tient, pendant le jour, cachée
sous les plantes basses, ou fixée à quelque brin d'herbe.

Nous n'avons vu que deux espéces appartenant à ce
genre, l'une de Hongrie anciennement connue, et l'autre nou-
vellement decouverte en Provence par M. de Saporta, et plus
recemment dans le midi de l'Espagne par MM. Rambur et
Graslin [1].

[1] Celte espéce n'est peut-être qu'une grande et belle variété blanche de *Pantherina.*

ENDAGRIA PANTHERINA. Pl. 69, fig. 1.

Alis anticis nitidis olivaceo-cinereis albo maculatis; posticis cinereis.

> *Cossus pantherinus.* Boisd., *Ind. meth.*, p. 51.
> Ochs., *Schm. von Europ.* IV, p. 96, 4.
> *Bombyx hepialica.* Hubn., Bomb., tab. 36. f. 157.
> *Bombyx ulula.* Esp., *Schm.* III. th. tab. 86.
> Borkh., *Europ. Schm.* III. th. S. 148, 38.
> La petite marbrure. Ernst. *Papil. d'Europ.*, pl. 293.

Elle est à-peu-près de la taille de l'*Hepialus hecta ;* mais son
port est très différent. Ses ailes supérieures sont luisantes,
d'un gris olivâtre avec des taches blanches, ou quelquefois
blanches avec des taches d'un gris olivâtre ; mais le plus ordinairement les taches sont blanches, et celle qui est dans
la cellule discoïdale forme un triangle dont la pointe se dirige vers la base de l'aile ; les autres sont éparses où plus ou
moins confluentes ; la frange est blanche, entrecoupée de gris
olivâtre.

Les ailes inférieures sont d'un brun grisâtre, quelquefois un
peu plus claires vers la frange ; cette dernière est légèrement
entrecoupée de blanchâtre.

Le dessous des ailes est d'un gris brunâtre avec quelques
petites éclaircies d'un gris blanchâtre. Le corselet est d'un gris
olivâtre ou d'un gris blanchâtre. La tête est de la même couleur. Les antennes sont brunes avec la tige blanchâtre. L'abdomen est d'un gris jaunâtre, velu, terminé chez la femelle
par un oviducte saillant.

Celle-ci est plus grande que le mâle, avec le corps plus
robuste. Ses ailes supérieures sont plus souvent blanches que
chez les mâles.

On trouve quelquefois des individus qui sont si différents
des autres par leur taille, le fond de leur couleur et la forme
de leurs taches, que l'on ne se douterait pas qu'ils appartiennent à une même espéce.

Elle se trouve en Italie, en Hongrie et en Autriche.

23

GENRE COSSUS. Fab., Lat., God., Ochs., Stephens.

HEPIALUS, Schrank. — *BOMBYX*, auct. vet.

Chenille alongée, un peu aplatie en dessous, pourvue de très fortes mandibules, et vivant dans le tronc des arbres. *Insecte parfait :* corps épais, écailleux ; corselet arrondi, globuleux ; antennes médiocrement pectinées dans les mâles, seulement dentées chez les femelles ; trompe nulle ou à peine rudimentaire ; ailes en toit, nébuleuses, maillées de hachures blanchâtres et noirâtres, comme réticulées ; abdomen très développé ; celui des femelles terminé par une tarière.

L'accroissement des chenilles de ce genre est lent, et la plupart mangent pendant deux ans avant de se changer en chrysalide. Ce changement a lieu, soit dans l'intérieur de l'arbre, soit sous les écorces, ou enfin à la surface de la terre, dans une coque composée de soie et de bois vermoulu, ou de grains de terre.

Les *Cossus* sont très lourds, et ne volent que la nuit. Les espèces connues sont encore peu nombreuses.

1. COSSUS CŒSTRUM. Pl. 68, fig. 1 et 2.

Alis anticis maris niveis, feminæ cinereis, fusco-nebulosis, macula sublunari fusca atomisque nigricantibus ; posticis albo-cinereis.

Boisd., *Ind. meth.*, p. 51.
Ochs., *Schm. von Europ.*, IV, p. 94, 3.
Bombyx cœstrum. Hubn., Bomb., tab. 46, f. 199.
Variété femelle, *Cossus teredo.* Boisd., *Ind. meth.*, p. 51.

Il a tout-à-fait le port de *Ligniperda ;* mais il est plus de moitié plus petit, à-peu-près de la même taille que l'*Acronicta psi.*

Les ailes supérieures du mâle sont blanches, avec une tache

discoïdale assez grande et comme lunulée, nettement dessinée sur son côté externe, où elle est formée par de gros points très rapprochés, remplie de brun roussâtre intérieurement et divisée par une nervure blanchâtre. L'extrémité de l'aile offre plusieurs petites hachures sinuées, et deux lignes transverses ondées noirâtres ; la frange est de la couleur du fond, divisée par de petits traits brunâtres, et précédée d'une petite ligne noirâtre, dentée, plus ou moins bien marquée.

Les ailes inférieures sont d'un gris brunâtre.

La tête est d'un brun roussâtre mélangé de blanchâtre. Les antennes sont de la même couleur avec la tige blanchâtre. Le collier est d'un gris blanchâtre bordé de brun obscur ; le corselet est blanc, mélangé de poils brunâtres avec les épaulettes blanches. L'abdomen est d'un gris blanchâtre.

La femelle diffère du mâle en ce que ses ailes supérieures sont moins blanches, avec les hachures plus nombreuses et plus prononcées.

L'individu, que nous avions nommé *Teredo* dans notre *Index methodicus*, est une variété femelle dont le fond des premières ailes est presque entièrement grisâtre.

Cette rare espèce se trouve en Autriche, en Hongrie, en Italie, en Dalmatie, et dans le midi de la France.

2. COSSUS THRIPS. Pl. 68, fig. 3.

Alis anticis pallide cinereis strigulis undatis maculaque ovata fusco-olivaceis; posticis cinereo-albidis substrigulatis.

Boisd., *Ind, meth.*, p. 51.
Bombyx thrips. Hubn., Bomb., tab. 52, f. 265.
Cossus fuchsianus. Fisch., *Nouv. Mém. de Moscou*, II, pl. 121.
Cossus Kindermanii. Fbey, *N. Bcyt.*, pl. 183, 1.

Il est à-peu-près de la taille du *Notodonta Dictæa*, et il a le même port que *Cæstrum*. Ses ailes supérieures sont d'un gris-blanchâtre pâle à reflet un peu rougeâtre, marquées d'un assez grand nombre de petites hachures ondulées brunâtres ou d'un brun olivâtre, et de quelques lignes sinueuses de la même couleur, dont les deux les plus rapprochées du sommet se réunissent presque en forme d'Y. Outre cela, ces mêmes ailes offrent au-dessous de la nervure médiane une tache assez grande d'un brun olivâtre, presque ovale et disposée trans-versalement.

Les ailes inférieures sont presque du même ton que les supérieures et marquées de même de petites hachures ondulées.

Le dessous des quatre ailes est plus pâle et plus blanchâtre que le dessus avec le même dessin, mais beaucoup moins apparent.

La tête est d'un gris-jaunâtre pâle. Les antennes sont de la même couleur avec la tige blanchâtre. Le corselet est à-peu-près de la couleur des ailes supérieures.

L'abdomen est d'un gris blanchâtre terminé par un très long oviducte brun dans la femelle, seul sexe que nous possédions.

Ce Cossus se trouve dans la Russie méridionale, et passe pour être d'une grande rareté.

1. Cossus Cœstrum *mâle.*
2. ——— ——— *femelle.*
3. ——— Thrips *femelle.*
4. Zeuzera Arundinis *mâle.*
5. ——— ——— *femelle.*
6. ——— Octopunctata *mâle.*

GENRE ZEUZERA. Lat., Leach., Steph., Boisd.

COSSUS, Fab. — *HEPIALUS*, Schrank.

Chenille alongée, un peu aplatie en dessous, pourvue de fortes mandibules, et vivant dans le tronc des arbres. *Insecte parfait:* corps épais, velu, un peu cotonneux; corselet arrondi; antennes des mâles pectinées à leur base simples à leur sommet; celles des femelles tantôt tout-à-fait simples, et seulement un peu cotonneuses à leur base, tantôt semblables à celles des mâles, mais beaucoup moins fortement pectinées; trompe nulle; ailes en toit, unicolores ou ponctuées; abdomen long, cylindroïde; celui des femelles terminé par un oviducte saillant.

On voit par ces caractères que les *Zeuzera* ne diffèrent, à proprement parler, des Cossus que par la forme de leurs antennes. Elles vivent de même dans les troncs d'arbres, excepté une espéce (*arundinis*) qui se nourrit dans les roseaux, et qui déja présente une légère différence en ce que les antennes de la femelle sont légèrement pectinées depuis leur base jusqu'au milieu.

On n'en connaît encore qu'un petit nombre propres à l'Europe, au Sénégal, au cap de Bonne-Espérance et aux Indes-Orientales.

1. ZEUZERA OCTOPUNCTATA. Pl. 68, fig. 6.

Alis niveis punctis numerosis cœruleo-nigris; thorace octo punctato.

Cette espéce ressemble beaucoup à l'*Æsculi* par son port et par son dessin, et il serait possible qu'elle n'en fût qu'une variété locale.

Elle est de la taille de la *Stygia australis,* ou plutôt de la *Sesia apiformis.* Ses ailes supérieures sont blanches, un peu dénudées d'écailles vers l'extrémité, et marquées de points blancs comme chez *Æsculi*, mais plus petits et moins prononcés.

Les ailes inférieures sont également blanches, avec une rangée marginale de petits points noirâtres.

Le dessous des quatre ailes est à-peu-près comme le dessus.

La tête est blanche, avec les antennes noirâtres. Le corselet est blanc, cotonneux, marqué de six points bleus comme dans *Æsculi*. L'abdomen est blanchâtre, velu, avec les incisions bleuâtres, et deux points bleus faisant suite aux six qui sont sur le corselet.

La femelle diffère du mâle en ce que ses ailes sont moins dénudées d'écailles vers l'extrémité, et en ce que les points bleus sont plus fortement exprimés.

Elle se trouve en Sicile, aux environs de Palerme.

2. ZEUZERA ARUNDINIS. Pl. 68, fig. 4 et 5.

Alis obtusis, cinerascentibus, fusco tenuissime passim irroratis; posticis albidis; abdomine elongato.

BOISD., *Ind. meth.*, p. 5.
Cossus arundinis. OCHS., *Schm. von Europ.*, IV, p. 98, 5.
Bombyx arundinis. HUBN., tab. 47, fig. 200 et 201.
Bombyx castanea. ESP., *Schm.*, III th., tab. 94.
ERNST., *Papil. d'Europ.*, pl. IX, Suppl. CI, 1ʳᵉ f. 257 *bis*.

Les ailes supérieures sont étroites, alongées, d'un gris jaunâtre, ou plutôt couleur de roseaux secs, avec quelques petits points ou quelques petites hachures brunâtres plus ou moins apparents vers le bord interne et le sommet. Ces petits points sont quelquefois entièrement effacés ou presque nuls.

Les ailes inférieures sont blanchâtres.

La tête et le corselet sont de la couleur des ailes supérieures. Les antennes sont d'un brun jaunâtre, avec la tige blanchâtre. Les yeux sont proportionnellement gros, saillants et noirs. L'abdomen est cylindrique, très long, d'un gris blanchâtre.

La femelle ne diffère du mâle que par ses antennes, qui sont légèrement dentées dans toute leur longueur, et non pas filiformes, avec la base cotonneuse, comme dans le sexe correspondant d'*Æsculi*.

Elle a été pendant long-temps très rare dans les collections; mais, depuis quelques années que l'on a découvert sa chenille aux environs de Darmstadt, elle est devenue assez commune.

Cette espéce n'appartient qu'imparfaitement au genre *Zeuzera*. La chrysalide qui a une pointe saillante sur la partie antérieure de la tête comme celles des *Nonagria*, et la femelle de l'insecte parfait, dont les antennes ne sont pas cotonneuses à la base, sont des caractères qui pourraient suffire pour en former un genre propre.

Voyez la figure de la chenille dans notre *Collection Iconographique des Chenilles d'Europe*.

GENRE HEPIALUS. Fab., Latr., Steph., God., Boisd.

HEPIOLUS. Illig., Ochs.

Chenilles alongées, grêles, vivant de racines de plantes basses,
et armées de fortes mandibules. *Insecte parfait :* corps assez
grêle, velu; antennes tantôt très courtes, et tantôt de longueur
ordinaire; dans l'un comme dans l'autre cas, grenues ou plus ou
moins pectinées; palpes très courts et très velus; ailes toujours
longues, étroites, lancéolées ou elliptiques, très peu robustes,
en toit dans le repos; abdomen long et assez grêle.

Les *Hepialus* ont tous un *facies* qui les fait distinguer, au
premier coup d'œil, des genres voisins; leurs ailes minces,
alongées et étroites, dont les postérieures paraissent taillées
sur le même modèle que les antérieures, forment le caractère
le plus certain et le moins variable. Les auteurs qui nous ont
précédé leur avaient assigné comme caractère essentiel d'avoir
les antennes très courtes et grenues; mais ce dernier est tout-
à-fait faux et applicable seulement à quelques espéces européennes. C'est pour y avoir accordé une valeur qu'il ne mérite
pas, que Godart, dans son ouvrage sur les *Papillons de France,*
a fait de *Sylvinus* un *Cossus* qu'il place à coté de *Ligniperda.*
Il est des espéces, telles que *Venus,* dont les antennes sont longues, filiformes; il en est d'autres, comme *Libanius* de Cramer,
où elles sont longues et pectinées, et qui par l'ensemble des
caractères, le *facies* en un mot, ne peuvent pas être séparées
des Hépiales proprements dits. Quelques autres espéces afri-
caines ne diffèrent de notre *Lupulinus* que par leurs antennes
pectinées.

Ces insectes ne se montrent que le soir au crépuscule; leur
vol est lourd, à ras de terre; dans la journée, ils se tiennent
cachés sous les plantes basses, ou fixés à quelque brin
d'herbe. Ils habitent l'Europe, l'Amérique, l'Afrique, la Nouvelle Hollande, et probablement aussi quelques contrées de
Asie.

24

1. HEPIALUS CARNUS. Pl. 69, fig. 4.

*Alis anticis cinerascentibus, nubeculosis, maculis fuscis albisque se-
riatim sparsis ; posticis cinereis.*

Boisd., *Ind. meth.*, p. 52.
Ochs., *Schm. von. Europ.*, IV, p. 117, 3.
Fab., *Ent. Syst.* III, 2, 6. 6.
Bombyx carna. Hubn., Bomb., tab. 50, fig. 214.
Bombyx jodutta (la femelle). *Op. cit.*, fig. 213.
Hepialus carna. Schrank, *Faun. Boic.*, 2 B. 1. abth. S. 304.
Noctua carna. Esp., *Schm.*, IV, tab. 82.
La marbrure. Ernst., *Papil. d'Europe*, pl. 193, f. 251.

Elle est presque aussi grande qu'*Humuli*. Ses ailes supérieures sont d'un gris roussâtre, mélangé de taches blanches
formant un dessin irrégulier qui entrecoupe la couleur du
fond, de sorte que l'on pourrait aussi bien considérer le fond
comme blanchâtre et le dessin comme d'un gris roussâtre ;
mais le caractère essentiel que présente cette espéce, c'est
que cette dernière couleur forme près de l'extrémité une
bande transverse moniliforme, bordée de blanc des deux cotés
dans ses deux tiers inférieurs, et divisée dans une grande partie de sa longueur par un rang de points d'un brun pâle. Tout-
à-fait près de la frange il y a une autre bande de la même
couleur crénelée intérieurement. Sur le disque on voit aussi
plusieurs taches d'un gris roussâtre presque isolées ou confluentes dont le centre est pupillé de brunâtre ; la frange est
grisâtre.

Les ailes inférieures sont d'un gris obscur ainsi que le dessous des quatre ailes.

Le corselet participe de la couleur des premières ailes.
L'abdomen est d'un gris roussâtre.

Les antennes sont d'un jaune un peu ferrugineux.

La femelle ne diffère ordinairement qu'en ce que son dessin
est un peu moins net.

Nous avons vu des variétés où la couleur blanche est beaucoup plus tranchée et occupe un peu plus d'espace vers le bord interne des premières ailes.

Le *Bombyx jodutta* d'Hubner est une femelle qui diffère à peine des individus ordinaires.

Cette Hépiale est encore assez rare. Elle habite les montagnes alpines de l'Europe. Nous l'avons prise il y a une douzaine d'années à la Grande-Chartreuse dans les premiers jours de juillet, et elle nous a paru y être assez commune.

2. HEPIALUS VELLEDA. Pl. 69, fig. 5 et 6.

Alis fusco-rufescentibus, anticis vitta sinuoso-angulata bifida, altera-que marginis interioris maris *pallidis,* feminæ *albidis.*

Boisd., *Ind. meth.,* p. 52.
Ochs., *Schm. von Europ.,* IV, p. 105, 2.
Bombyx velleda. Hubn., Bomb., tab. 50, fig. 212, et tab. 54, f. 233.
Noctua velleda. Esp., *Schm.,* IV, th. tab. 195.

Elle est un peu plus grande que *Lupulinus.* Ses ailes supérieures sont tantôt d'un brun noirâtre, tantôt d'un brun rougeâtre, mais le plus ordinairement rougeâtres, traversées près de l'extrémité par une bande sinuée blanche ou d'un blanc lavé de rougeâtre, bifide près de la côte où elle forme une espéce d'Y. La côte est marquée de deux autres tâches de la même couleur, dont une beaucoup plus grande et bifide. Il y a aussi souvent vers le disque un point blanchâtre plus ou moins marqué. Outre cela le bord interne offre depuis la base jusqu'au milieu une bande anguleuse, blanche, longitudinale. La frange est un peu plus claire que le fond, entrecoupée de brunâtre.

Les ailes inférieures sont d'un gris noirâtre, avec le bord extérieur rougeâtre, et la frange entrecoupée de brun.

Le dessous des quatre ailes est d'un gris noirâtre, avec le bord extérieur rougeâtre; celui des supérieures offre quelquefois en outre une légère empreinte du dessin de la surface opposée.

Le corselet est de la couleur des premières ailes. L'abdomen est d'un gris brunâtre.

Les mâles, à en juger par les individus que nous avons a nôtre disposition, sont d'une couleur plus obscure, avec le même dessin que la femelle, mais beaucoup moins distinct.

Elle se trouve, comme la précédente, dans les montagnes alpines de l'Europe, particulièrement en Suisse.

DIXIÈME TRIBU.

NOTODONTIDES. *NOTODONTIDES.*

Pseudo-Bombycini. Boisd., *Ind. meth.* — *Faux-Bombyx.* Latr.

Chenilles tantôt presque entièrement glabres, et tantôt pubescentes ou un peu velues, munies de seize ou de quatorze pattes, (dans ce dernier cas, les deux pattes anales deviennent ordinairement un autre organe) souvent pourvues d'éminences ou de pointes saillantes sur divers anneaux; vivant sur les arbres, soit à découvert, soit entre des feuilles liées avec quelques fils de soie. Chrysalide cylindrico-conique, renfermée, tantôt dans un cocon solide, soyeux, ou membraneux, et tantôt dans une coque formée de quelques grains de terre, liée avec des fils de soie. *Insecte parfait :* ailes en toit; les inférieures jamais reverses ou débordantes; antennes de longueur ordinaire, plus ou moins pectinées dans les mâles, simplement dentées chez les femelles; palpes velus, ordinairement assez courts; trompe visible, mais généralement peu développée; corselet arrondi; abdomen alongé, de grosseur moyenne.

Cette tribu, l'une des plus naturelles, comprend les *Pseudo-Bombycini* de notre *Index methodicus*, et les *Pygœra* que nous avions à tort placés parmi nos *Bombycini*. Ces derniers, par la petitesse de leur trompe et les tubercules velus qui existent sur quelques anneaux de la chenille, ont encore à la verité une certaine affinité avec quelques bombycines; mais les ailes en toit et non reverses chez l'insecte parfait et l'ensemble des autres caractères les rapprochent évidemment des notodontes proprement dits. C'est aussi à cette tribu qu'il faut rapporter le *Bombyx cœruleocephala* des auteurs (genre *Diloba* nobis).

Les notodontides habitent différentes partie des deux continents; mais particulièrement les contrées tempérées des deux hémisphères.

GENRE CLOSTERA. Hoffmansegg, Kirby.

PYGÆRA. Ochs. — *BOMBYX.* Latr., God. — *LARIA.* Schrank.

Chenilles vivant entre les feuilles; peu alongées, lentes, finement velues; ordinairement pourvues, sur le quatrième et le dernier anneau, d'une éminence plus ou moins saillante, surmontée d'un petit bouquet de poils. Chrysalide renfermée entre les feuilles ou sous les écorces d'arbres, dans une coque soyeuse, très légère. *Insecte parfait:* corps médiocrement robuste; antennes pectinées dans les deux sexes, mais plus fortement dans les mâles que chez les femelles; trompe très courte; ailes plus courtes que le corps; les supérieures marquées de lignes transverses, et, au sommet, d'une tache plus obscure que le fond; abdomen relevé dans le repos, garni d'un bouquet de poils, bifide dans le mâle; pattes antérieures dirigées en avant.

Ce genre dont nous ne connaissons encore que sept ou huit espéces paraît être exclusivement propre aux différentes espéces de saules et de peupliers; toutes celles que nous connaissons habitent l'Europe ou l'Amérique Septentrionale.

A l'exemple de quelques auteurs anglais, nous avons adopté le nom de *Clostera* pour les espéces qui vivent renfermées entre les feuilles des arbres et dont la métamorphose et l'insecte parfait diffèrent d'ailleurs notablement des vrais *Pygæra.*

CLOSTERA (*Pygæra*) TIMON. Pl. 63, fig. 4.

*Alis griseis, anticis ferrugineo variis, macula apicis lunari nivea,
strigisque tribus albidis.*

Pygæra timon. Boisd.', *Ind. meth.*, p. 47.
Ochs, *Schm. von Europ.*, IV, p. 225, 1.
Bombyx timon. Hubn., Bomb., tab. 22, f. 86.
Fischer, *Entomographie de la Russie*, I. Lep. Pl. 1, fig. 1-5.

Il est au moins de la taille d'*Anastomosis*. Ses ailes supérieures sont un peu luisantes, d'un gris sombre, traversées par
quatre raies d'un blanc un peu violâtre tirant sur le gris de
perle. La raie la plus rapprochée de la base est étroite et
tortueuse ; elle est doublée de brun-marron sur son côté externe et se continue le long de la côte pour se réunir à la seconde raie qui est plus large et presque droite. La troisième
située au-delà du milieu est oblique, un peu sinueuse, dilatée
vers la côte, où elle se termine par une tache d'un blanc pur
presque argentin. Tout le côté externe de cette raie jusqu'à la
nervure médiane est largement doublé de brun-marron ; enfin
la quatrième raie située près de l'extrémité est très sinueuse, et
se termine vers la côte par une tache blanche plus petite que
celle de la raie précédente. La frange est légèrement entrecoupée de blanchâtre. Outre ces caractères, la base de l'aile
offre un petit faisceau de poils d'un gris de perle, et le milieu
une petite lunule peu prononcée, de la même couleur.

Les ailes inférieures sont d'un gris jaunâtre avec le tiers
postérieur d'un brun-noirâtre pâle.

Le corps est jaunâtre. Le corselet est un peu plus brun que
les premières ailes ; la tête est de la même couleur, avec les
antennes d'un gris brunâtre.

Le dessous des quatre ailes est grisâtre avec l'extrémité largement noirâtre ; celui des supérieures offre en outre près de la

côte une tache d'un roux-ferrugineux vif, bordée de chaque côté par une tache blanche.

Il se trouve sur le peuplier blanc dans le gouvernement de Moscou. On en a aussi pris un ou deux individus dans les environs de Berlin ; mais il est encore très rare dans les collections. Celui que nous avons fait représenter fait partie de la riche collection de M. Chardiny de Lyon.

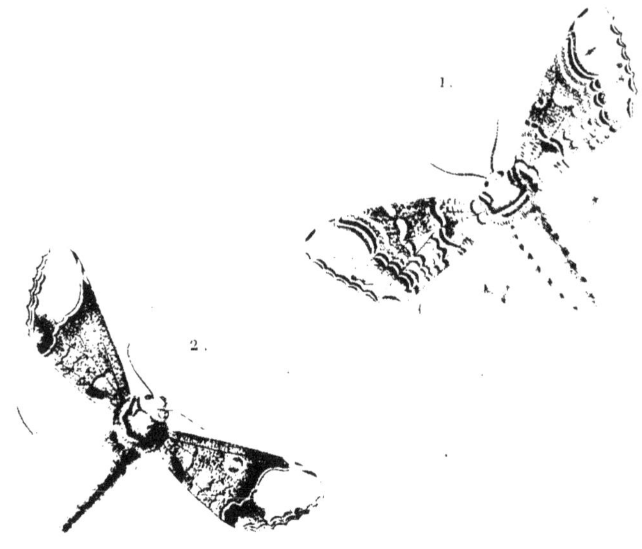

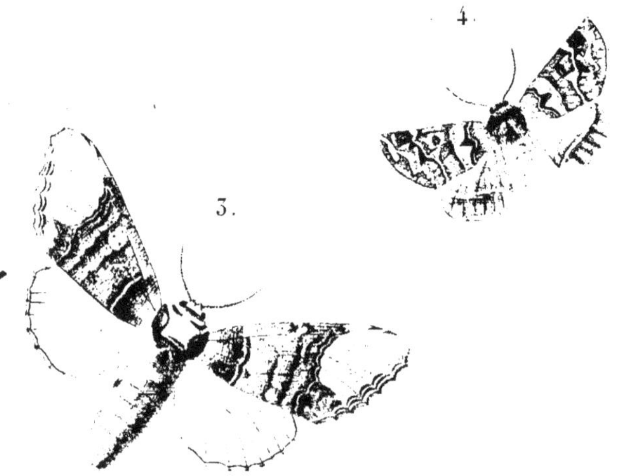

1. Pygæra Bucephala 3. Pygæra Bucephaloides *femelle*.
2. ——— Bucephaloides *mâle*. 4. ——— Timon *mâle*.

P. Duménil pinx.   Borromée dir.

1. Cleoceris Scoriacea.   4. Bryophila Anomala.
2. ———— Hybris.   5. ———— Ereptricula.
3. Acronycta Cuspis.   6. ———— Fraudatricula.

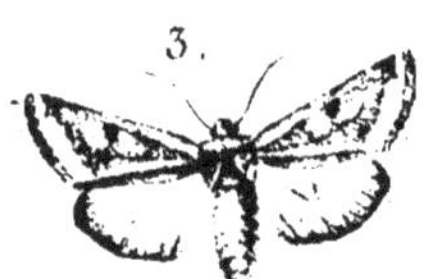

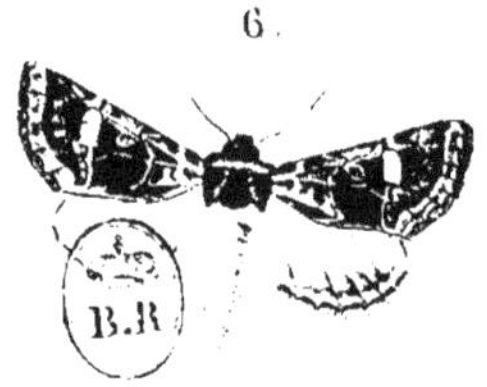

1. Episema Trimacula   4. Episema Trimacula *variété* Hispana.
2. _idem variété Tersa mâle.   5. ___________ idem femelle.
3. ________ idem femelle   6. ___________ Hispida mâle.
7. ___ idem femelle.

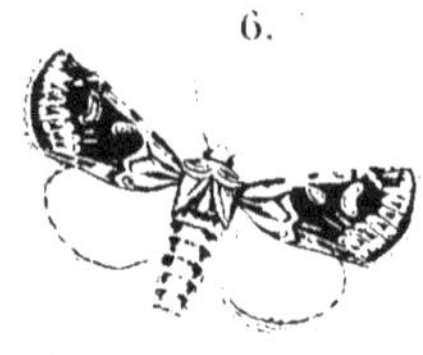

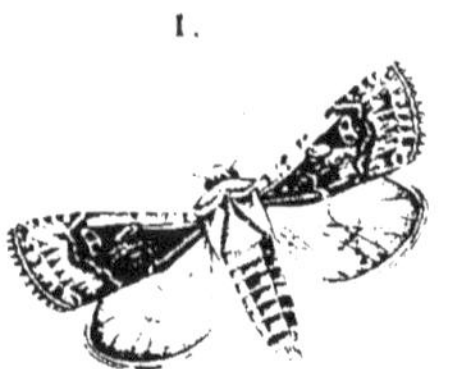

Blanchard pinx. *Barromée dir*

1. **Agrotis** Lidia.
2. ———— Tritici.
3. ———— idem variété.

4. **Agrotis** Senna.
5. ——— Aquilina.
6. ——— idem variété mâle.

1. Agrotis Nictymera .   3. Agrotis Vallesiaca.
2. ———— idem mâle .   4. ———— Fusca .
          5. Agrotis Dumetorum.

E. Blanchard pinx   Borromée dir.

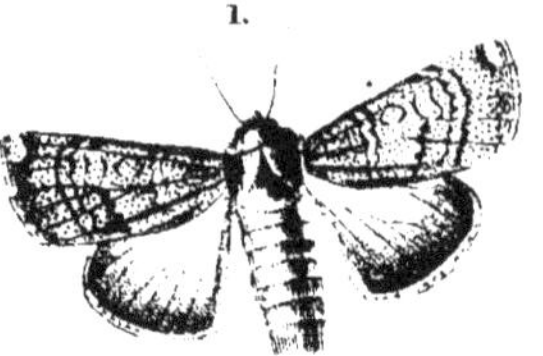

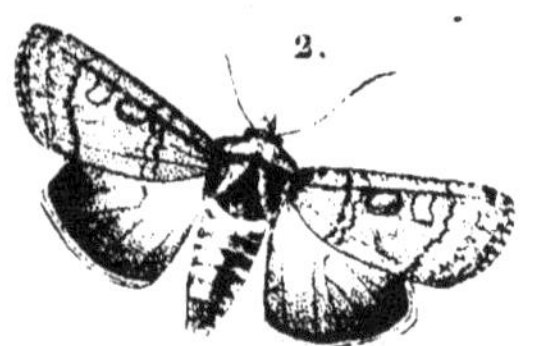

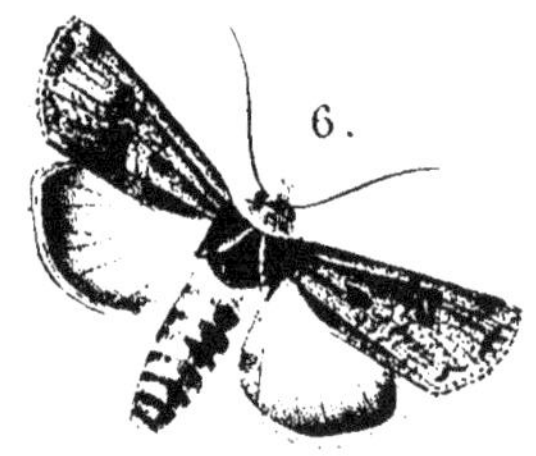

1. Agrotis Cos.
2. ———— *id. variété*
3. ———— Cursoria.

4. Agrotis Trux.
5. ———— *id. variété*.
6. ———— *id. variété*.

E. Blanchard pinx.   *Borromée dir.*

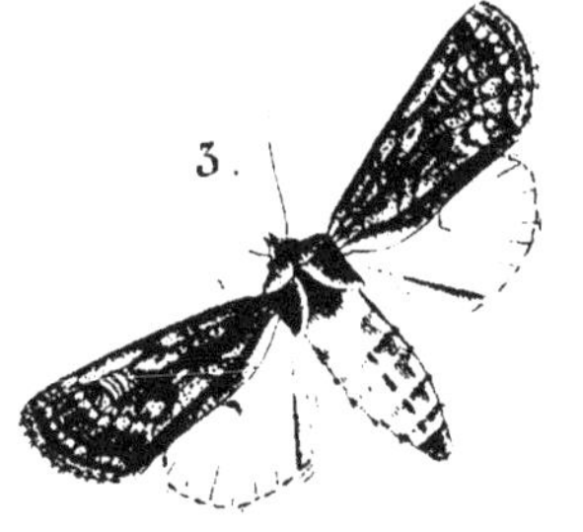

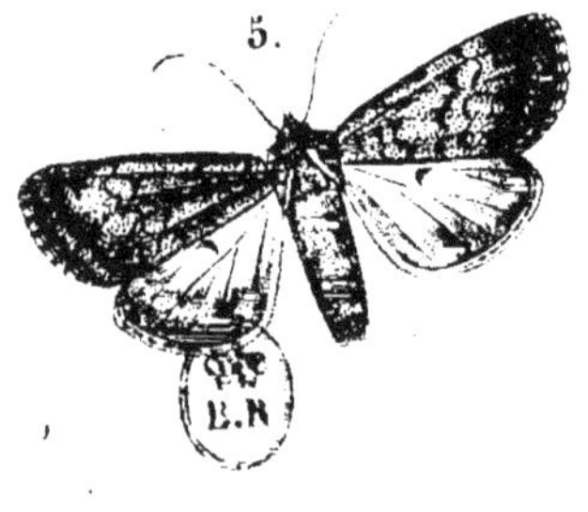

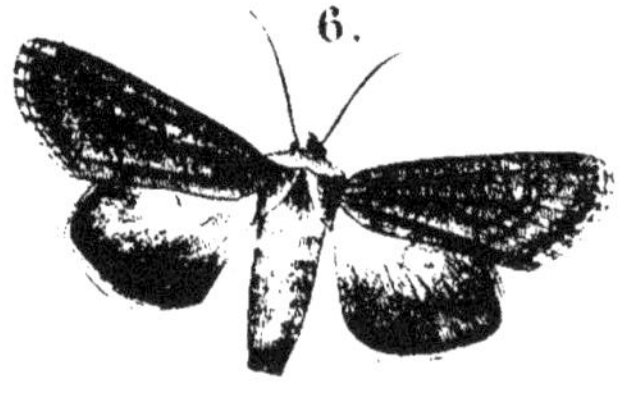

1. **Agrotis** Latens
2. ———— *idem variété*
3. ———— Fugax

4. **Agrotis** Lucipeta
5. ———— Dilucida
6. ———— Sibirica

P. Blanchard pinx.

Borromée dir.

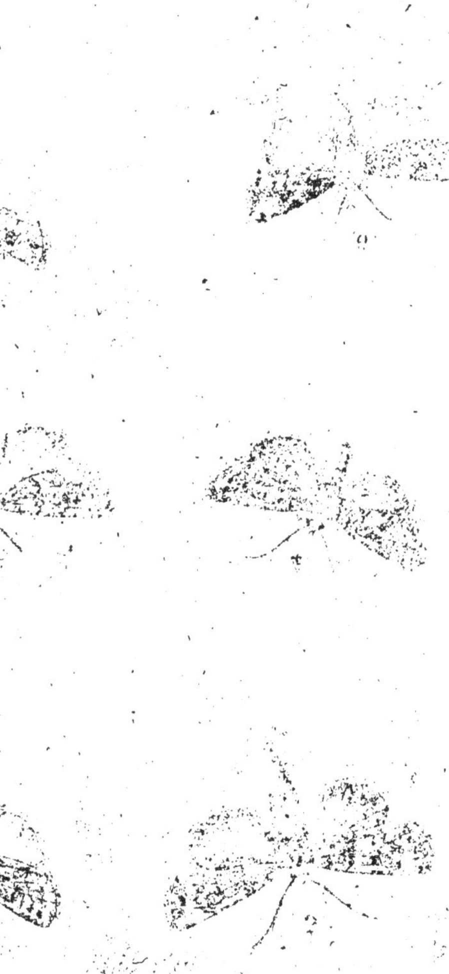

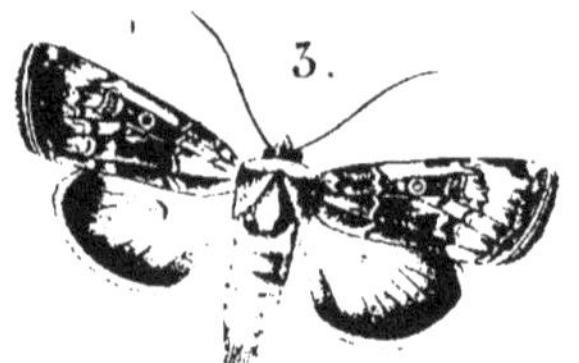

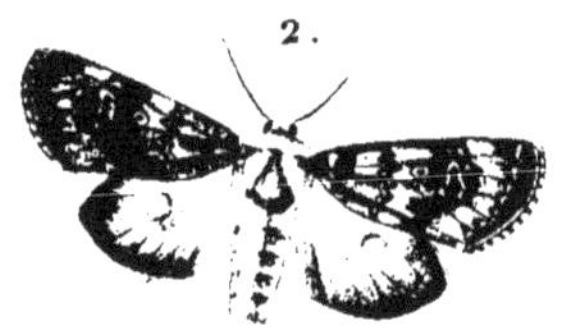

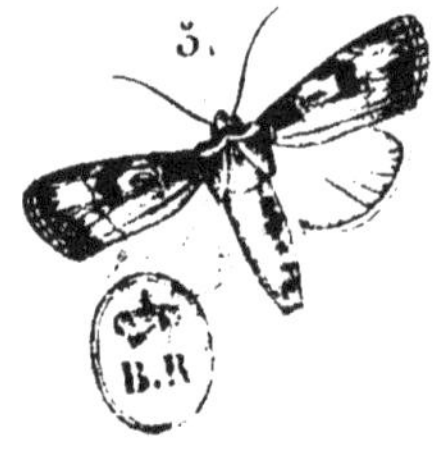

1. Agrotis Eriectorum.
2. ———— Decora.
3. ———— idem variété

4. Agrotis Fimbriola.
5. ———— Puta mâle.
6. ———— id. femelle.

E. Blanchard pinx.

Borromée dir.

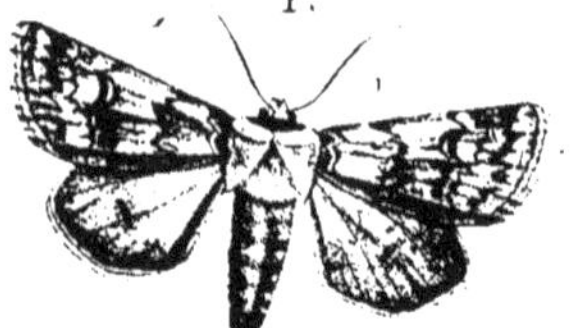

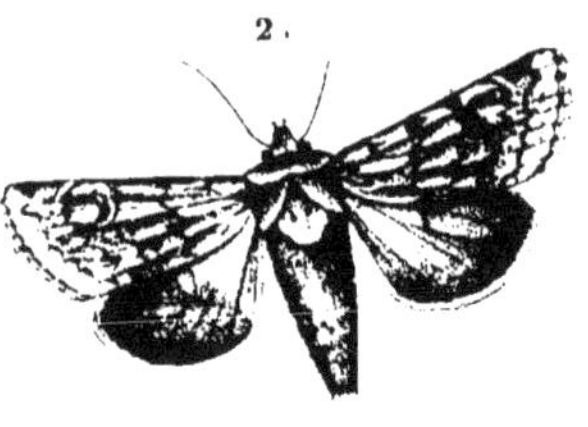

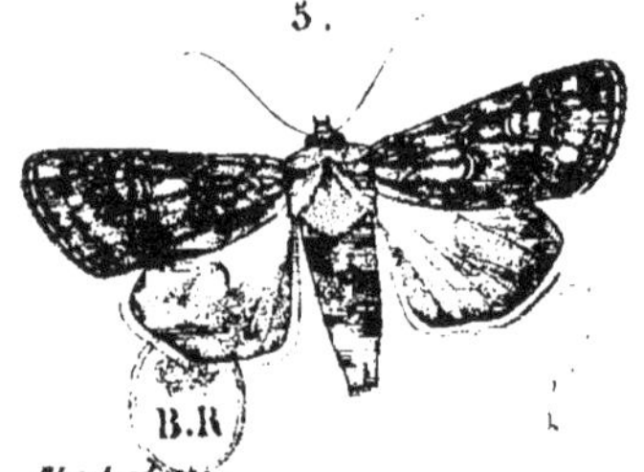

Blanchard pinx.

Borromée dir.

1. Agrotis Simplonia.
2. ______ idem variété
3. ______ idem variété
4. Agrotis Helvetina.
5. ______ Cataleuca.
6. ______ idem en dessous

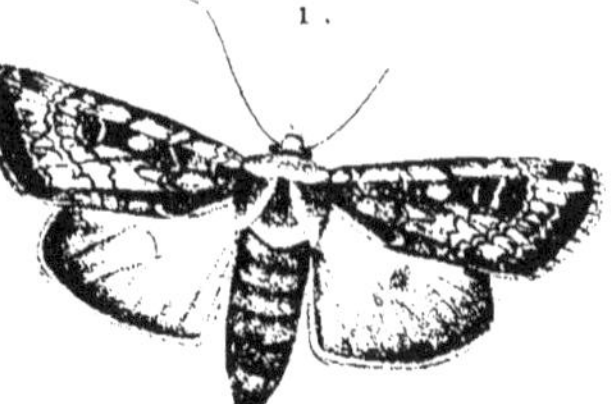

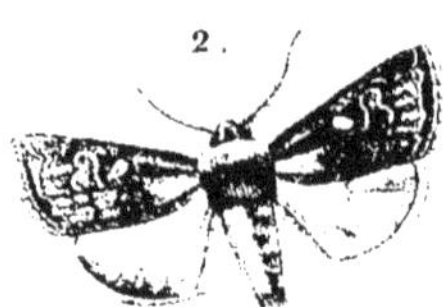

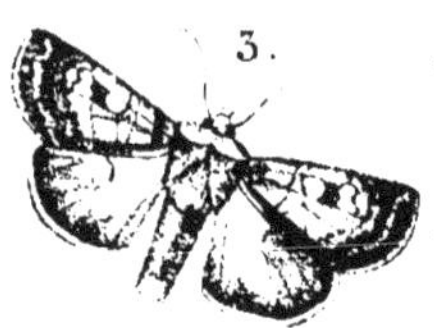

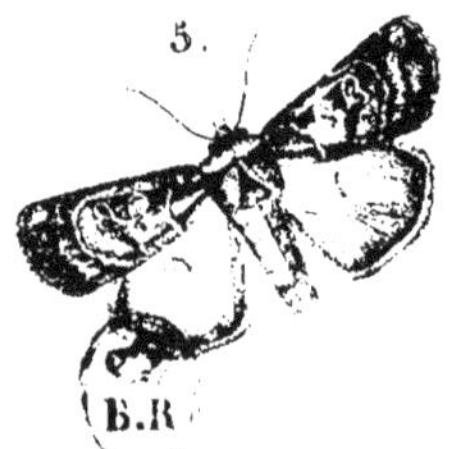

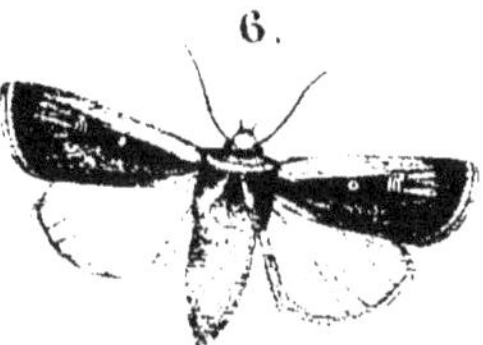

Blanchard pinx. *Borromée dir.*

1. Agrotis Agricola.
2. Noctua Lepetiti.
3. ———— Conflua.
4. Noctua Punicea.
5. ———— Bella.
6. ———— Leucogaster.

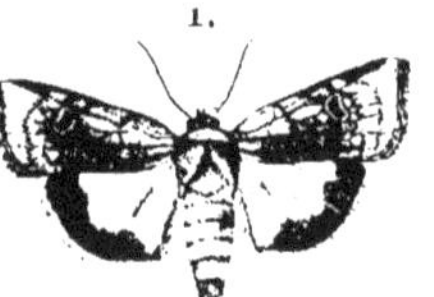

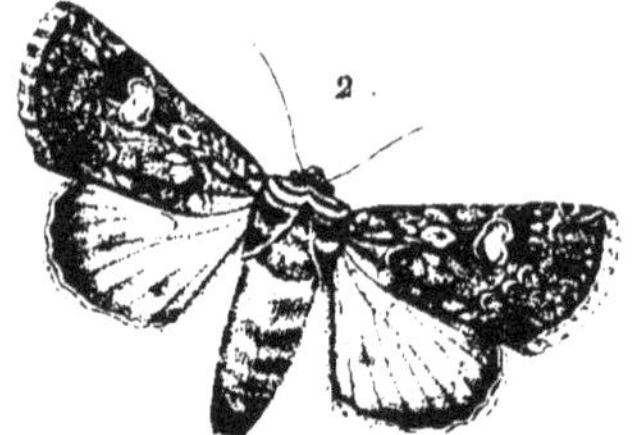

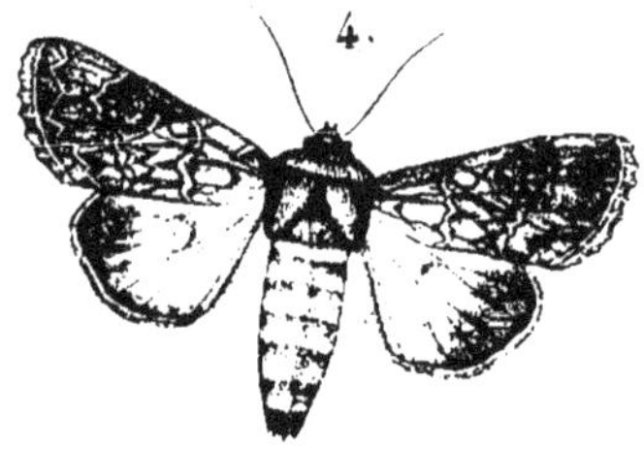

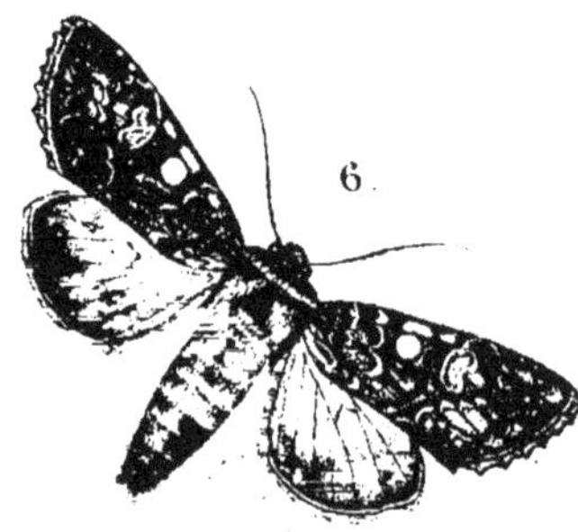

1. Triphæna *Chardinyi*.
2. Amphipyra *Effusa*.
3. Hadena *Encausta*.
4. Hadena *Fribolus*.
5. ———— *Alpigena*.
6. ———— *Feisthamelii*.

9 782329 468471